基于 R 的概率论与数理统计

主　　编　欧诗德
副主编　韦盛学　黄科登
参　　编　易亚利　梁　丹　罗中德（百色学院）

北京理工大学出版社
BEIJING INSTITUTE OF TECHNOLOGY PRESS

内 容 简 介

本书主要介绍概率论与数理统计、R 统计软件的使用基础,内容包括:随机事件及其概率、随机变量的分布、随机向量及其分布、随机变量的数字特征、大数定律与中心极限定理、样本及其分布、参数估计、假设检验、R 统计软件简介以及实验,重点讲明概率论与数理统计的基本概念、定理、性质和计算方法.

本书列举了较多在工程技术、经济管理、社会生活等各方面的实际问题,针对有关计算问题,介绍了如何运用 R 统计软件解决.通过对本书的学习,读者可以掌握概率论与数理统计的基本理论和计算方法,学会运用 R 统计软件解决本专业遇到的有关计算问题.

本书可以作为高等院校相关学科专业的教材.

图书在版编目(CIP)数据

基于 R 的概率论与数理统计 / 欧诗德主编. —北京:北京理工大学出版社,2019.8
ISBN 978-7-5682-7445-6

Ⅰ.①基…　Ⅱ.①欧…　Ⅲ.①概率论 ②数理统计　Ⅳ.①O21

中国版本图书馆 CIP 数据核字(2019)第 176701 号

出版发行 / 北京理工大学出版社有限责任公司
社　　址 / 北京市海淀区中关村南大街 5 号
邮　　编 / 100081
电　　话 / (010)68914775(总编室)
　　　　　 (010)82562903(教材售后服务热线)
　　　　　 (010)68948351(其他图书服务热线)
网　　址 / http://www.bitpress.com.cn
经　　销 / 全国各地新华书店
印　　刷 / 三河市天利华印刷装订有限公司
开　　本 / 787 毫米×1092 毫米　1/16
印　　张 / 10　　　　　　　　　　　　　　责任编辑 / 多海鹏
字　　数 / 236 千字　　　　　　　　　　　文案编辑 / 孟祥雪
版　　次 / 2019 年 8 月第 1 版　2019 年 8 月第 1 次印刷　　责任校对 / 周瑞红
定　　价 / 32.00 元　　　　　　　　　　　责任印制 / 李志强

前　　言

概率论与数理统计是高等院校经济、农、医等学科的专业基础课程,是近代数学的重要组成部分,具有极强的应用背景,与其他学科有紧密的联系,广泛应用于工业、农业、军事和科学技术中.随着计算机科学和互联网的迅猛发展,概率论与数理统计理论方法在大数据分析、人工智能领域发挥着极其重要的作用.

随着创新驱动发展、中国制造 2025 等国家重大战略的实施,我国经济结构发生了深刻调整,产业升级加快了步伐,社会对人才培养质量提出了更高的要求,地方行业企业更需要应用型人才.为顺应这一发展趋势,培养高质量的应用型人才,我们编写了本书.通过对本书的学习,学生既能掌握概率论与数理统计的基本理论方法,又能培养数据处理能力.

本书除了讲解概率统计基本理论方法之外,还重视讲授应用 R 统计软件解决计算问题.本门课程,尤其是数理统计部分,涉及的计算量较大,如果只讲明计算法,而不介绍如何使用计算机解决该问题,相当于一个劳动者只了解机器工作原理,而不会操作机器.本书结合 R 统计软件来讲授,就是为了使学生在面对大量数据时能应用计算机解决实际问题.本书并非重点介绍 R 统计软件,只是向学生介绍了学习 R 统计软件的入门知识,以使各专业的学生都能学到运用计算机计算有关概率统计问题的方法.因此,在学习本课程时不学习统计软件知识是很难解决有关实际计算问题的.

本书主要内容包括:随机事件及其概率、随机变量的分布、随机向量及其分布、随机变量的数字特征、大数定律与中心极限定理、样本及其分布、参数估计、假设检验、R 统计软件简介以及实验,共十章.整个编写工作分配如下:第 1、2 章由黄科登编写,第 3 章由易亚利编写,第 4、6 章由韦盛学编写,第 5 章由梁丹编写,第 7、8、9、10 章由欧诗德、罗中德(百色学院)编写,欧诗德负责全书的修改和复查工作.

本课程可在 48 课时内讲完,其中包括 12 课时的上机实验课,数理统计方面的内容可以与上机实验课一起进行.每一章后提供了适量的习题,作业可从习题中选择.为便于学生期末考试复习,理解基本理论方法、性质、概念,本书提供了客观题.

本书的编写得到了我校自编教材建设重点项目(编号:14XJJC002)的资助,对此对学校表示诚挚的谢意.另外,还感谢本教研室的教师潘伟权、陈泊伶、陈丽君、吴荣火提出的修改意见! 由于编者水平有限,书中难免有疏漏之处,敬请读者批评指正!

编　者

目　　录

第1章 随机事件及其概率

纷繁复杂的客观世界中的各类现象可分为两大类:随机现象和确定性现象,也称偶然现象和必然现象.人们用代数、几何、函数理论等这些数学工具对确定性现象进行研究,并掌握了这类现象的许多规律.然而,对随机现象,没有必然规律可言,人们很难用一个确定的公式来描述其变化特征.例如,当我们掷骰子时无法预知朝上的一面出现的点数;在证券市场中,投资者无法预知股票在下一交易日的涨跌;人们无法知道人的寿命长短.但是随机现象也蕴含着规律,人们可通过大量的重复试验和观察发现随机现象的规律.例如,掷骰子,经反复试验我们可发现,各点数出现的频率接近1/6.投资者根据股票的K线图及其各种指标,经过大量的观察发现下一交易日涨跌的可能性.总的来说,随机现象的规律性是在大量重复试验和观察中呈现出来的,我们称之为随机现象的统计规律性.概率论与数理统计就是研究和提示随机现象统计规律的数学学科.

1.1 随机事件及其运算

1.1.1 随机现象

随机现象是指在一定条件下会出现多种可能结果的客观现象.随机现象广泛存在于人们的工作与生活之中.

【例1.1】

(1)在离光滑桌面上一定高度抛掷一枚均匀的硬币,观察朝上的一面.

(2)在离光滑桌面上一定高度抛掷一颗均匀的骰子,观察出现的点数.

(3)图1-1所示为我国A股某只股票在某一交易日的走势图.在10%的涨跌停板制度下,观察该只股票下一交易日的收盘价.

(4)观察某种品牌的同一款手机的寿命时数.

(5)观察测量某物理量(长度、面积、体积)的误差.

我们发现这些现象具有以下两个特点:

(1)会出现多种可能结果.

(2)每一次观察(或试验)会出现哪一种结果,人们事先无法准确知道.

这两个特点就是随机现象的特征.与随机现象相对应的是确定性现象,确定性现象是指在一定条件下,结果只有一个的客观现象.例如,在标准大气压下,把一壶水加热到100 ℃,结果只有一个,就是沸腾;从一个装有100只白色乒乓球的袋子中随机取出一只,结果只有一个,就是一只白色的乒乓球.

在随机问题研究中,为研究其规律性,我们经常要做试验.在相同条件下,可重复随机现象的观察、记录、实验统称为随机试验,简称试验.此外,客观世界也存在不可重复的随机现象,例

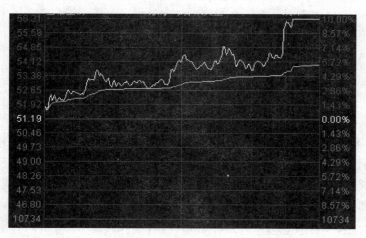

图 1-1　股票分时走势图

如一年一度的欧洲冠军杯决赛的输赢,以及经济领域中的失业现象和某国的 GDP 增长速度等,均为不可重复的随机现象.概率论与数理统计主要研究可以重复的随机现象的统计规律,但也重视不可以重复的随机现象的研究.

1.1.2　样本空间

研究随机现象时发现存在这样一种事实:任何一种试验无论有多少种可能结果,总可以从中找出一组基本结果,并且:

(1)每进行一次重复试验,必然出现且仅出现其中的一个基本结果;

(2)任何可能结果,都由其中的若干个基本结果组成.

试验的所有基本可能结果组成的集合称为样本空间,记为 Ω. 样本空间的元素称为样本点,一般情况下记为 ω.

样本空间 Ω 本质上是集合,对 Ω 的描述方法有两种:

(1)代表元法.

$\Omega=\{\omega_i|\omega_i$ 表示试验的第 i 种的那一种基本可能结果,$i=1,2,\cdots\}$.

(2)枚举(区间)法.读者可以通过以下例子加以理解.

【例 1.2】 写出"例 1.1"所列 5 种随机现象对应的样本空间.

解　首先写出样本空间的代表元形式,再写列举(区间)形式如下:

(1)$\Omega_1=\{i|i$ 表示掷出结果为 $i,i=0,1;0$ 表正面,1 表反面$\}=\{0,1\}$;

(2)$\Omega_2=\{i|i$ 表示掷出 i 点,$i=1,2,3,4,5,6\}=\{1,2,3,4,5,6\}$;

(3)$\Omega_3=\{i|i$ 表示该股票下一交易日盘价为 i 元,$i=50.68,50.69,\cdots,61.94\}=\{50.68,50.69,\cdots,61.94\}$;

(4)$\Omega_4=\{t|t$ 表示寿命时数为 $t,t\geqslant0\}=[0,+\infty)$;

(5)$\Omega_5=\{x|x$ 表示测量误差为 $x,-\infty<x<+\infty\}=(-\infty,+\infty)$.

关于样本空间的分类:

(1)从含有样本点的个数划分,样本空间可分为有限样本空间与无限样本空间;

(2)从含有样本点是否可数划分,样本空间可分为离散样本空间与连续样本空间.

样本空间中的元素可以是数也可以不是数,样本空间含有的样本点至少有两个,仅含有两个样本点的样本空间是最简单的样本空间.

1.1.3　随机事件

定义与记号:样本空间 Ω 的子集称为随机事件,这是基于样本空间给出的定义.也可以基于随机现象给出定义,每一个可能的结果称为随机事件,简称为事件,通常用大写英文字母 A,B,C 作为事件的记号.

Venn 图:用图形表示事件,如图 1-2 所示.

【例 1.2】中(2)的样本空间为: $\Omega_2=\{1,2,3,4,5,6\}$,若要表示事件"掷出奇数点",则可记为

$$A=\text{“掷出奇数点”,或 }A=\{1,3,5\}.$$

显然,事件 A 为 Ω_2 的子集.

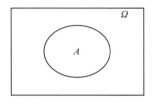

图 1-2　Venn 图

事件定义的进一步解读:

(1)"事件 A 发生"意味着在试验中 A 包含的某个样本点出现了.反之亦然.

【例 1.2】(2)中,事件 $A=$ "掷出奇数点"发生,这表明在一次抛掷中掷出了 1 点或 3 点或 5 点.

(2)事件的描述方法有三种:

方法 1:集合表示法;

方法 2:用明白无误语言(加以双引号)表述法;

方法 3:用随机变量取值表示法.(详见第 2 章)

(3)三种特殊(随机)事件.

基本事件, Ω 的单元素子集;必然事件, Ω 本身(每次试验必然发生的事件);

不可能事件,记作 Φ (每次试验都不发生的事件).

【例 1.3】　对应于"【例 1.2】(2)"中,若记 $A_i=$ "掷出 i 点", $i=1,2,\cdots,6$.则

A_1,A_2,A_3,A_4,A_5,A_6 均为基本事件;

记 $B=$ "掷出偶数点",则 B 为随机事件;

记 $C=$ "掷出点数小于 7",则 $C=\Omega_2$ 为必然事件;

记 $D=$ "掷出点数大于 6",则 $D=\Phi$ 为不可能事件.

1.1.4　事件间的关系与运算

1.事件包含关系

若随机事件 A 发生必然导致随机事件 B 发生,则称事件 A 包含于 B ,也称事件 B 包含 A .记作 $A\subset B$ 或 $B\supset A$.(这是用概率论语言对事件的包含关系的描述)

注:

(1) $A\subset B$ 等价以下定义:

若随机事件 B 不发生,则随机事件 A 必不发生,称随机事件 A 包含于 B .

(2) $A\subset B$ 等价以下定义:(集合论语言对 $A\subset B$ 的描述)

若随机事件 A 包含的样本点全属于随机事件 B ,则称随机事件 A 包含于 B .

例如:对于试验 E_2 样本空间为: $\Omega_2=\{1,2,3,4,5,6\}$,若记

$$A=\text{“掷出 4 点”},B=\text{“掷出偶数点”},$$

则 $A \subset B$.

2. 事件的等价关系

若随机事件 A 与 B 互相包含,则称事件 A 与 B 具有等价关系,也称随机事件 A 与 B 等价,记为 $A = B$.

对任意事件 A,约定 $\Phi \subset A$,而显然有 $A \subset \Omega$.

例如:【例 1.2】中(2)的样本空间为: $\Omega_2 = \{1, 2, 3, 4, 5, 6\}$,若记

$$A = \text{“掷出非奇数点”}, B = \text{“掷出偶数点”},$$

则 $A = B$.

3. 事件 A 与 B 的并运算

"事件 A 与 B 至少有一个发生"这一事件称为事件 A 与 B 的并(和),记为 $A \cup B$.

注:

(1)用集合论语言对事件 A 与 B 并的描述:事件 A 与 B 所包含的样本点的并集对应的事件称为事件 A 与 B 的并. 易见,对任意事件 A,有 $A \cup \Omega = \Omega$, $A \cup \Phi = A$.

(2)理解好 $\bigcup\limits_{i=1}^{n} A_i$ 和 $\bigcup\limits_{i=1}^{+\infty} A_i$ 的含义.

4. 事件 A 与 B 的交运算

若事件 A 与 B 同时发生,则称其为事件 A 与 B 的交(积),记为 $A \cap B$,或 AB.

注:

(1)用集合论语言对事件 A 与 B 的交的描述.

事件 A 与 B 所包含的样本点的交集对应的事件称为事件 A 与 B 的交. 易见,对任意事件 A,有 $A \cap \Omega = A$, $A \cap \Phi = \Phi$.

(2)理解好 $\bigcap\limits_{i=1}^{n} A_i$ 和 $\bigcap\limits_{i=1}^{+\infty} A_i$ 的含义.

5. 事件 A 对 B 的差

若事件 A 发生而事件 B 不发生,则称其为事件 A 对 B 的差,记为 $A - B$.

注:

(1)用集合论语言对事件 A 对 B 的差的描述:从事件 A 的样本点中去除属于事件 B 的样本点后所剩的样本点集对应的事件称为事件 A 对 B 的差.

(2)类似可定义 $B - A$. 而对任意事件 A,有

$$A - A = \Phi, A - \Phi = A, A - \Omega = \Phi.$$

6. 事件的互不相容关系

若随机事件 A 与 B 不可能同时发生,则称随机事件 A 与 B 具有互不相容关系,也称事件 A 与 B 互斥. 记作 $AB = \Phi$.

注:

(1)基本事件之间的关系为互斥关系.

(2)理解好 $\bigcap\limits_{i=1}^{n} A_i = \Phi$ 和 $\bigcap\limits_{i=1}^{+\infty} A_i = \Phi$ 的含义.

7. 事件的对立关系

若随机事件 A 与 B 满足 $A \cup B = \Omega$,且 $AB = \Phi$,则称事件 A 与 B 具有对立关系,也称随机事件 A 与 B 互为对立事件(逆事件).

注：

(1)概率论中记随机事件 A 的对立事件为 $\bar{A}$. 易见,若随机事件 A 与 B 对立,则 $\bar{A}=B$, $\bar{B}=A$.

(2)事件 $\bar{A}$ 是由不属于事件 A 的样本点组成的事件,即"A 不发生"这一事件就是 $\bar{A}$. 显然,若随机事件 A 与 B 对立,则 $B=\Omega-A$(体现出"对立关系"是一种运算——余运算).

(3)每一次试验中,事件 A 与 $\bar{A}$ 有且只有一个发生,所以在一次试验中,若 A 发生,则 $\bar{A}$ 不发生;若 A 不发生,则 $\bar{A}$ 发生;等等.

(4)由定义得:$\bar{\bar{A}}=A,\bar{\Omega}=\Phi,\bar{\Phi}=\Omega,A-B=A\bar{B}=A-AB,B-A=B\bar{A}=B-AB$.

(5)由定义容易明白:若随机事件 A 与 B 对立,则 A 与 B 互斥,反之不然. 反例可轻易举出.

事件的关系与运算可用 Venn 图直观表示,如图 1-3 所示.

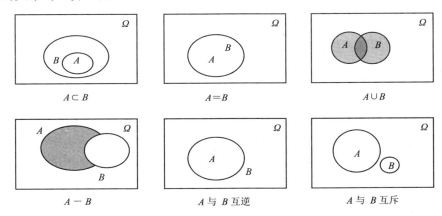

图 1-3　Venn 图

随机事件运算满足以下运算律:

(1)交换律　$A\cup B=B\cup A,AB=BA$;

(2)结合律　$(A\cup B)\cup C=A\cup(B\cup C),(AB)C=A(BC)$;

(3)分配律　$(A\cup B)C=AC\cup BC,(AB)\cup C=(A\cup C)(B\cup C)$;

(4)对偶律(德莫根公式)

$$\overline{\bigcup_{i=1}^{n}A_i}=\bigcap_{i=1}^{n}\bar{A}_i,\quad\overline{\bigcup_{i=1}^{+\infty}A_i}=\bigcap_{i=1}^{+\infty}\bar{A}_i,$$
$$\overline{\bigcap_{i=1}^{n}A_i}=\bigcup_{i=1}^{n}\bar{A}_i,\quad\overline{\bigcap_{i=1}^{+\infty}A_i}=\bigcup_{i=1}^{+\infty}\bar{A}_i.$$

特别地,两个事件运算时的对偶律为

$$\overline{A\cup B}=\bar{A}\bar{B},\overline{AB}=\bar{A}\cup\bar{B}.$$

【例 1.4】　设 A、B、C 为同一个 Ω 下的三个事件,请用 A、B、C 及它们的对立事件的运算式子表示以下事件:

(1)"A 发生而 B、C 都不发生";

(2)"A、B 都发生而 C 不发生";

(3)"A、B、C 至少有一个发生";

(4)"A、B、C 至少有两个发生";

(5)"A、B、C 恰有两个发生";

(6)"A、B、C 恰有一个发生";

(7)"A、B 至少有一个发生而 C 不发生";

(8)"A、B、C 不全发生".

解　(1)该事件可表为 $A\bar{B}\bar{C}$,也可表为 $A-B-C$,还可表为 $A-(B\cup C)$;

(2)该事件可表为 $AB\bar{C}$,也可表为 $AB-C$;

(3)该事件可表为相容并运算形式 $A\cup B\cup C$,也可表为互不相容并运算形 $AB\bar{C}\cup A\bar{B}\bar{C}\cup$
$\bar{A}B\bar{C}\cup ABC\cup A\bar{B}C\cup \bar{A}BC\cup \bar{A}\bar{B}C$;

(4)该事件可表为相容并运算形式 $AB\cup BC\cup AC$,也可表为互不相容并运算形式 $AB\bar{C}\cup$
$A\bar{B}C\cup \bar{A}BC\cup ABC$;

(5)该事件可表为互不相容并运算形式 $AB\bar{C}\cup A\bar{B}C\cup \bar{A}BC$;

(6)该事件可表为互不相容并运算形式 $A\bar{B}\bar{C}\cup \bar{A}B\bar{C}\cup \bar{A}\bar{B}C$;

(7)该事件可表为 $(A\cup B)\bar{C}$,也可表为 $(A\cup B)-C$,还可表为互不相容并运算形式 $AB\bar{C}\cup$
$A\bar{B}\bar{C}\cup \bar{A}B\bar{C}$;

(8)该事件可表为 $\overline{ABC}$,也可表为 $\overline{A\cup B\cup C}$.

【例 1.5】　在装着分别标有 $1,2,\cdots,100$ 共 100 个黄白两种颜色乒乓球的袋子中任选一
个,若 $A=$"选到的是黄色乒乓球",$B=$"选到的是白色乒乓球",$C=$"选到的是标有偶数的乒
乓球".

(1)叙述 $A\bar{C}$ 的含义.

(2)什么条件下有 $BC=C$ 成立?

(3)什么条件下有 $\bar{B}\subset C$ 成立?

解　(1)事件 $A\bar{C}$ 的含义是"选到的是标有奇数的黄色乒乓球".

(2)由于当 $C\subset B$ 时才有 $BC=C$,因此只有当袋子中标有偶数的乒乓球全是白色乒乓球
时,才有 $BC=C$ 成立.

(3)当袋子中的黄色乒乓球都标的是偶数时,$\bar{B}$ 发生就一定导致 C 发生,即 $\bar{B}\subset C$ 成立.

【例 1.6】　记 $A=$"甲股票上涨,或乙股票下跌",$B=$"甲股票上涨",$C=$"乙股票上涨或平
盘".问:$\bar{A}$ 的含义是什么,如何表示?

解　$A=B\cup \bar{C}$,于是

$$\bar{A}=\overline{B\cup \bar{C}}=\bar{B}C,$$

可见 $\bar{A}$ 的含义为"甲股票下跌或平盘,且乙股票上涨或平盘".

1.2　概率的定义与性质

概率的定义及计算是概率论中最基本的问题.概率的定义直观通俗的表述是随机事件发

生的可能性大小的度量值. 以下依据概率论发展的历史分别给出讨论,介绍概率的严谨数学定义及计算.

1.2.1 频率

描述随机事件发生的频繁程度的频率是理解概率的基础.

定义 1.1 设在相同条件下,试验重复 n 次. 若随机事件 A 在 n 次试验中发生 k 次,则称比值 $\dfrac{k}{n}$ 为随机事件 A 在这 n 次试验中发生的频率,记为 $f_n(A) = \dfrac{k}{n}$.

频率的三个性质 由定义 1.1 容易推知,频率具有以下性质:

(1)(非负有界性)对任意事件 A,有
$$0 \leqslant f_n(A) \leqslant 1;$$

(2)(正则性)对必然事件 Ω 有
$$f_n(\Omega) = 1;$$

(3)(有限可加性)若 $A_1, A_2, \cdots, A_n$ 为同一样本空间下的互斥事件列,则
$$f_n(\bigcup_{i=1}^{n} A_i) = \sum_{i=1}^{n} f_n(A_i).$$

基于频率导出概率的统计定义:

随机事件 A 发生的频率 $f_n(A)$ 表示随机事件 A 发生的频繁程度,频率越大,随机事件 A 发生就越频繁,换句话说,在一次试验中,随机事件 A 发生的可能性也就越大;反之亦然. 因此,直观的思想就是用频率 $f_n(A)$ 表示随机事件 A 在一次试验中发生的可能性大小. 但是,由于试验的随机性,因此即使是同样进行 n 次试验的两批次试验所得到的 $f_n(A)$ 值也不一定相同. 然而大量试验结果证实,当 n 足够大时,$f_n(A)$ 会稳定在某个常数附近. 这个客观事实,说明描述随机事件 A 发生的可能性大小的数,也就是随机事件 A 发生的概率是客观存在的,它就是 $f_n(A)$ 的稳定值.

关于上面的事实,统计学家做了抛硬币试验. 掷一枚均匀硬币,出现正面的概率的确定.

历史上有三位概率研究学者:德・摩根(De Morgan)、蒲丰(Buffon)和皮尔逊(Pearson),他们曾分别进行了大量的掷硬币试验,所得结果如表 1-1 所示.

表 1-1 抛硬币试验

试验者	掷硬币次数	出现正面次数	出现正面的频率
德・摩根	2 048	1 061	0.518 1
蒲丰	4 040	2 048	0.506 9
皮尔逊	12 000	6 019	0.501 6
皮尔逊	24 000	12 012	0.500 5

从表 1-1 中的数据可见,出现正面的频率随着试验次数的增大稳定在 0.5 附近,这个 0.5 就反映了出现正面的可能性大小,即事件"出现正面"的概率为 0.5.

定义 1.2 设随机事件 A 在 n 次重复试验中发生的次数为 k,当 n 很大时,频率 $\dfrac{k}{n}$ 在某一常数 p 附近波动,而随着试验次数 n 的不断增加,发生较大波动的可能性越来越小,则称常数 p 为事件 A 的概率,记为 $P(A) = p$,其中 p 为频率 $f_n(A)$ 的稳定值.

通过频率 $f_n(A)$ 的稳定值 p 来确定事件 A 的概率 $P(A)=p$，这种确定事件概率的方法显然是有局限性的，同时其结果也是粗糙的、不精确的. 但其基本思想是具有很高理论价值的，有学者从中得到启发，引入可用于建构概率论理论体系的概率的公理化定义. 概率的公理化定义于后给出.

1.2.2　古典概型

定义 1.3　古典概率模型简称古典概型，也称等可能概型，或等概率模型. 它是指满足以下两个条件的随机试验模型：

(1)试验模型的样本空间 Ω 包含的样本点总数有限；

(2)试验模型的样本空间 Ω 包含的每一个样本点，即基本事件的出现具有等可能性.

定义 1.4　设 A 为古典概率模型中的随机事件，且 A 包含了该古典概率模型的样本空间 Ω 中全部 n 个样本点中的 k 个，则 A 包含的样本点数与 Ω 包含的样本点数的比值 $\dfrac{k}{n}$ 称为事件 A 的概率. 这是古典概率模型中事件的概率，在概率论中又常称为古典概率. 记为

$$P(A)=\frac{k}{n}.$$

【例 1.7】　同掷两枚均匀的硬币，求"掷出一个正面一个反面"的概率.

解　设 $A=$"掷出一个正面一个反面". 易见本问题概率模型的样本空间为

$$\Omega=\{(正，正)，(正，反)，(反，正)，(反，反)\}.$$

该样本空间 Ω 包含的样本点总数 $n=4$(有限)，又由于硬币是均匀的，可判定该 Ω 中的每一个样本点具有等可能性，因而此模型为古典概率模型. 而易见事件 A 包含 Ω 中的(正，反)和(反，正)这两个样本点，即事件 A 包含的样本点数 $k=2$. 于是

$$P(A)=\frac{k}{n}=\frac{2}{4}=0.5.$$

注：对本例，若认为其样本空间为

$$\Omega=\{(二个正面)，(二个反面)，(一正一反)\},$$

则因其中的样本点不具有等可能性，从而不能用古典概率方法求 $P(A)$. 此外提醒学习者注意解答过程，在确认古典概率模型时，熟练后可写得简洁些.

【例 1.8】　掷一枚均匀的硬币 3 次，求：

(1)恰有 1 次出现正面的概率；

(2)至少有 2 次出现正面的概率.

解　记 $A=$"恰有一次出现正面"，$B=$"至少有 2 次出现正面".

该问题的随机试验模型为古典概型，且其样本空间 Ω 包含的样本点总数 $n=2^3$. 则

(1)由于事件 A 包含的样本点数为 $k_1=3$，故所求概率为

$$P(A)=\frac{k_1}{n}=\frac{3}{2^3}=\frac{3}{8}.$$

(2)由于事件 B 包含的样本点数为 $k_2=C_3^3+C_3^2=4$，故所求概率为

$$P(A)=\frac{k_2}{n}=\frac{4}{2^3}=0.5.$$

计算古典概率需注意：

(1)公式使用的前提：涉及的概率模型必须是古典概率模型.

（2）公式使用的关键：利用计数、排列、组合，或乘法原理、加法原理等，先计算出古典概率模型样本空间 Ω 包含的样本点总数 n，以及随机事件 A 包含的样本点数 k.

步骤 1　在题目没有给出所求概率的事件记号时先明确事件记号（如 A）及其含义，确认问题模型为古典概率模型.

步骤 2　用计数、排列、组合，或乘法原理、加法原理等，计算该古典概率模型样本空间 Ω 包含样本点的总数 n，及事件 A 包含的样本点数 k.

步骤 3　代入公式

$$P(A)=\frac{k}{n}$$

计算出所求概率 $P(A)$.

【例 1.9】　箱中有 a 个白球和 b 个黑球，现无放回抽取，每次取一个.

（1）任取 $m+n$ 个，求恰有 m 个白球，n 个黑球的概率；

（2）求第 k 次才取到白球的概率；

（3）求第 k 次恰好取到白球的概率.

解　考虑将 a 个白球分别标上 1 到 a 的数字，将 b 个黑球分别标上 $a+1$ 到 $a+b$ 的数字加以区别，从中做无放回随机一个一个抽取，共 $m+n$ 个，经过判断知，这种抽取试验模型为古典概型，且其样本空间包含的样本点总数为

$$n^{*}=\mathrm{A}_{a+b}^{m+n}.$$

于是

（1）设 $A_1=$ "任取 $m+n$ 个，恰有 m 个白球，n 个黑球"，则 A_1 包含的样本点数为 $k_1=\mathrm{C}_{m+n}^{m}\mathrm{A}_{a}^{m}\mathrm{A}_{b}^{n}$，所以

$$P(A_1)=\frac{k_1}{n^{*}}=\frac{\mathrm{C}_{m+n}^{m}\mathrm{A}_{a}^{m}\mathrm{A}_{b}^{n}}{\mathrm{A}_{a+b}^{m+n}}.$$

（2）设 $A_2=$ "第 k 次才取到白球"，则随机事件 A_2 所包含的样本点数为 $k_2=\mathrm{A}_{b}^{k-1}\mathrm{A}_{a}^{1}\mathrm{A}_{a+b-k}^{m+n-k}$，所以

$$P(A_2)=\frac{k_2}{n^{*}}=\frac{\mathrm{A}_{b}^{k-1}\mathrm{A}_{a}^{1}\mathrm{A}_{a+b-k}^{m+n-k}}{\mathrm{A}_{a+b}^{m+n}}.$$

（3）设 $A_3=$ "第 k 次恰取到白球"，则 A_3 包含的样本点数为 $k_3=\mathrm{A}_{a}^{1}\mathrm{A}_{a+b-1}^{m+n-1}$，所以

$$P(A_3)=\frac{k_3}{n^{*}}=\frac{\mathrm{A}_{a}^{1}\mathrm{A}_{a+b-1}^{m+n-1}}{\mathrm{A}_{a+b}^{m+n}}=\frac{a}{a+b}.$$

注：从 $P(A_3)=\frac{a}{a+b}$ 可见，结果与 k 无关，理论上说明了抽签的公平性. 但是，有学生说了这样的问题：

"老师，有一次我宿舍为确定一张音乐会优待票的归属权，6 位同学一致决定通过抽签解决. 可是在我还没抽时，第一位抽签的同学快速抽取并敏捷打开签后大声说'我中了！'，我连伸手的机会都没有，即使我抽，抽中的概率也是零，抽签真的公平吗？"

如何理解这个问题？留待 1.3 节解决.

【例 1.10】（盒子模型，也称分房模型）　有 n 个人，每个人都等可能地被分配到 $N(N>n)$ 间房中的任一间住，求恰好有 n 间房子各有一个人住的概率.

解　经过判断易知，该分房模型为古典概率模型，且其样本空间包含的样本点总数为

$$n^{*}=N^{n}.$$

而事件"恰有 n 间房子各有一个人住"所包含的样本点数为 $k=C_N^n n!$，故所求概率为

$$p=\frac{k}{n^*}=\frac{C_N^n n!}{N^n}=\frac{N!}{N^n (N-n)!}.$$

Remark 指出许多直观背景很不一样的随机问题都可利用分房模型所得到的结论来解决. 比如量子力学中的一些随机问题，以及如下的"生日问题".

生日问题：计算我们班 n（如 $n=64$）位同学生日全不相同的概率.

解 分析易见，该问题实际上可看成"$n=64$ 个人，$N=365$ 间房的分房模型"，于是，利用上例的结论得

$$p=\frac{365!}{365^{64}(365-64)!}\approx 0.003.$$

注："生日问题"的结果表明，一个有 64 位同学的班，全部同学中任何 2 位的生日都不是同一天的概率非常小. 反之，全部同学中至少有 2 位同学的生日在同一天的概率很大.

1.2.3　几何概型

定义 1.5 几何概型是指满足以下两个条件的概率模型：

(1)该模型的样本空间 Ω 包含的样本点充满某个区域；

(2)该模型的样本空间 Ω 包含的每一个样本点出现具有等可能性.

定义 1.6 设 A 为几何概型中的随机事件，且 A 包含的样本点充满该几何概型的样本空间 Ω 中的某个子区域，则 A 对应区域的几何度量值 $m(A)$ 与 Ω 对应区域的几何度量值 $m(\Omega)$ 的比值 $\dfrac{m(A)}{m(\Omega)}$ 称为事件 A 的概率. 这是几何概型中事件的概率，在概率论中又常称为几何概率. 记为

$$P(A)=\frac{m(A)}{m(\Omega)}.$$

【例 1.11】（会面问题，也称约会模型） 甲乙两人约定在晚上 8 时到 9 时之间在某地点会面，并约定先到者等候后到者 10 分钟，过时离去. 求甲乙能会面的概率.

解 记 $A=$"甲乙能会面". 又设甲乙到达约会地点的时间分别是 x 和 y（单位：分钟），且以晚上 8 时为计时零点，则该模型的样本空间 Ω 和随机事件 A 的集合表示分别为

$$\Omega=\{(x,y)\,|\,0\leqslant x\leqslant 60, 0\leqslant y\leqslant 60\},$$
$$A=\{(x,y)\,\|\,x-y\,|\leqslant 10,(x,y)\in\Omega\}.$$

可知，会面问题为"几何概型"问题，其中，Ω 和 A 对应的几何区域如图 1-4 所示.

由此可算出 Ω 和 A 对应的几何区域的面积分别为

$$m(\Omega)=60^2, m(A)=60^2-2\times\frac{1}{2}\times 50^2=60^2-50^2.$$

于是

$$P(A)=\frac{m(A)}{m(\Omega)}=\frac{60^2-50^2}{60^2}=\frac{11}{36}.$$

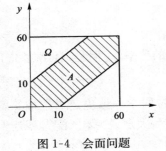

图 1-4　会面问题

1.2.4　概率的主观定义

客观世界中存在一些随机现象是不可能重复或不能大量重复的，对这一类随机现象中的

随机事件的概率该如何确定呢? 前面讨论的概率的三种定义所给出的定义法都不适合确定此类随机现象中的随机事件概率. 关于这个问题,可依据统计界贝叶斯学派的观点"一个事件的概率是人们根据经验对该事件发生的可能性所给出的个人信念"作出确定.

定义 1.7　依据统计界贝叶斯学派的观点,对不可能重复或不能大量重复的一类随机现象中的随机事件给出的概率,称为主观概率.

用主观概率确定概率的例子:

(1)一个外科医生根据自己多年的临床经验和当下一位患者的病情,在回答患者家属关于"手术成功"的问询时,给出了"手术成功"的概率为 0.9.

(2)一位学生根据自己对概率论与数理统计课程的时间和精力的投入,以及听课、完成作业的情况,认为本课程考核成绩在 80 分以上的概率为 0.6.

(3)一位游泳选手根据自己的训练水平,以及实力和现在的状态,还有各国选手当下训练成绩和情况,认为自己在即将到来的本届奥运会获得冠军的概率为 0.8.

总结:

前面根据概率发展历史讨论了概率的 4 种定义,由这 4 种定义分别给出的定义法是直接确定事件概率的方法,但是这 4 种方法不是存在不具有普遍适用性缺陷,就是存在结果不精确等局限性. 为了得到更普遍适用性的确定事件概率的方法,1900 年有概率论研究者提出,可否引入更具有理论价值,且更具普遍性的概率定义来解决概率论理论体系的建构基础,同时给出确定随机事件概率的普遍适用方法? 直到 1933 年,苏联数学家从概率的频率定义得到启发提出了概率的公理化定义后,这个问题获得了很好的解决.

1.2.5　概率的公理化定义及性质

定义 1.8　设随机模型的样本空间为 Ω,A 为任意事件,对每一个事件 A 赋予一个实数,记作 $P(A)$,如果 $P(A)$ 满足以下条件:

(1)非负性:对任意事件 A,有 $P(A) \geqslant 0$;

(2)规范性:$P(\Omega) = 1$;

(3)可列可加性:若 $A_1, A_2, \cdots$ 为同一样本空间下的互斥事件列,有

$$P(\bigcup_{i=1}^{+\infty} A_i) = \sum_{i=1}^{+\infty} P(A_i).$$

则称实数 $P(A)$ 为事件 A 的概率(Probability).

定义 1.8 给出了严谨的概率定义,虽然对于具体求概率没有直接的帮助,但在理论方面其价值非凡. 定义中涉及的三个条件,是人们公认的、无须证明的概率的三个基本性质(或称概率的三个公理). 定义 1.8 的理论价值在于以其为基础,可证得概率的一系列性质,这一系列性质中的一部分结论提供了确定随机事件概率的间接方法(即不是直接依据概率定义得到的用于计算概率的直接方法,是借助证明得到公式来计算概率的间接方法).

性质 1(不可能事件 Φ 的概率为零)　$P(\Phi) = 0$.

证明　由 $\Phi \cup \Phi \cup \cdots = \Phi$,有 $\Omega = \Omega \cup \Phi \cup \Phi \cup \cdots$. 又由于 Φ 与任意事件互斥,由概率的可列可加性,得

$$P(\Omega) = P(\Omega \cup \Phi \cup \Phi \cup \cdots) = P(\Omega) + P(\Phi) + P(\Phi) + \cdots.$$

利用正则性 $P(\Omega) = 1$ 代入上式,得

$$P(\Phi) + P(\Phi) + \cdots = 0.$$

最后由非负性,得 $P(\Phi) \geqslant 0$,代入上式,得 $P(\Phi) = 0$.

Remark 指出:若 $A = \Phi$,则 $P(A) = 0$. 反之,若 $P(A) = 0$,则 $A = \Phi$ 不成立. 可以通过几何概型举出反例.

性质 2(有限可加性) 若随机事件 $A_1, A_2, \cdots, A_n$ 为同一样本空间下的互不相容的事件列,则

$$P\left(\bigcup_{i=1}^{n} A_i\right) = \sum_{i=1}^{n} P(A_i).$$

证明 对有限个互不相容的事件列 $A_1, A_2, \cdots, A_n$ 后面添加 $A_{n+1}, A_{n+2}, \cdots$,形成可数个互不相容事件列 $A_1, A_2, \cdots, A_n, A_{n+1}, A_{n+2}, \cdots$,其中

$$A_i = \Phi, i = n+1, n+2, \cdots.$$

且有 $\bigcup\limits_{i=1}^{n} A_i = \bigcup\limits_{i=1}^{+\infty} A_i$,于是,由可数可加性,得

$$P\left(\bigcup_{i=1}^{n} A_i\right) = P\left(\bigcup_{i=1}^{+\infty} A_i\right) = \sum_{i=1}^{+\infty} P(A_i) = \sum_{i=1}^{n} P(A_i).$$

性质 3 若随机事件 A 与 B 满足 $A \subset B$,则

(1)概率的可减性.

$$P(B-A) = P(B) - P(A).$$

(2)概率的单调性.

$$P(A) \leqslant P(B).$$

证明 (1)由 $A \subset B$,可得 $B = A \cup (B-A)$,其中 A 与 $B-A$ 互不相容,由概率的有限可加性有

$$P(B) = P(A \cup (B-A)) = P(A) + P(B-A),$$

即

$$P(B-A) = P(B) - P(A).$$

(2)由概率的非负性及(1)的结果有

$$P(B) - P(A) = P(B-A) \geqslant 0,$$

即

$$P(A) \leqslant P(B).$$

注:单调性的逆命题:"若 $P(A) \leqslant P(B)$,则 $A \subset B$"不成立. 反例可容易借助 Venn 图举出.

性质 4(概率的有界性) 对任意事件 A,有

$$0 \leqslant P(A) \leqslant 1.$$

证明 由概率的公理化定义中的非负性有 $P(A) \geqslant 0$,又由于 $A \subset \Omega$,利用概率的单调性和公理化定义中的规范性得 $P(A) \leqslant P(\Omega) = 1$,所以 $0 \leqslant P(A) \leqslant 1$.

性质 5(概率的互补性) 对任意事件 A,有

$$P(A) + P(\bar{A}) = 1.$$

证明 由于 $A \cup \bar{A} = \Omega$,利用概率的有限可加性和公理化定义中的规范性,得

$$P(A \cup \bar{A}) = P(A) + P(\bar{A}) = P(\Omega) = 1, \quad 即 \ P(A) + P(\bar{A}) = 1.$$

性质 6(概率的加法公式)

(1)对任意事件 A、B,有

$$P(A \cup B) = P(A) + P(B) - P(AB);$$

(2)对任意事件 A、B、C,有

$$P(A\cup B\cup C)=P(A)+P(B)+P(C)-P(AB)-P(BC)-P(AC)+P(ABC);$$

(3)对 n 个任意事件 $A_1,A_2,\cdots,A_n$,则有

$$P(\bigcup_{i=1}^{n}A_i)=\sum_{i=1}^{n}P(A_i)-\sum_{1\leqslant i<j\leqslant n}P(A_iA_j)+\sum_{1\leqslant i<j<k\leqslant n}P(A_iA_jA_k)-\cdots+(-1)^{n-1}P(A_1A_2\cdots A_n).$$

证明　(1)由于对任意事件 A、B,有 $A\cup B=A\cup(B-A)$,其中 A 与 $B-A$ 互不相容,从而利用概率的有限可加性和可减性,有

$$P(A\cup B)=P(A)+P(B-A)=P(A)-P(B-AB)=P(A)+P(B)-P(AB).$$

(2)对任意事件 A、B、C,利用(1)的结论有

$$\begin{aligned}
P(A\cup B\cup C)&=P((A\cup B)\cup C)\\
&=P(A\cup B)+P(C)-P((A\cup B)C)\\
&=P(A)+P(B)-P(AB)-P(AC\cup BC)\\
&=P(A)+P(B)-P(AB)-[P(AC)+P(BC)-P(ACBC)]\\
&=P(A)+P(B)+P(C)-P(AB)-P(BC)-P(AC)+P(ABC),
\end{aligned}$$

即 $P(A\cup B\cup C)=P(A)+P(B)+P(C)-P(AB)-P(BC)-P(AC)+P(ABC).$

(3)对于 n 个事件的加法公式可以运用数学归纳法加以证明,此处略.

【例 1.12】(利用概率性质求概率)　若 A、B 为两事件,且 $P(A)=0.6,P(A\cup B)=0.9$,A、B 仅发生一个的概率为 0.7.求:

(1)"A 发生而 B 不发生"的概率;

(2)"A、B 不全发生"的概率;

(3)"A、B 都不发生"的概率;

(4)"B 发生"的概率.

解　由已知有 $P(A\bar{B}\cup\bar{A}B)=0.7$,而又由

$$0.9=P(A\cup B)=P(A\bar{B}\cup\bar{A}B)+P(AB)=0.7+P(AB)$$

得 $P(AB)=0.2$,于是

(1)"A 发生而 B 不发生"的概率为

$$P(A\bar{B})=P(A-B)=P(A-AB)=P(A)-P(AB)=0.6-0.2=0.4;$$

(2)"A、B 不全发生"的概率为

$$P(\bar{A}\cup\bar{B})=P(\overline{AB})=1-P(AB)=1-0.2=0.8;$$

(3)"A、B 都不发生"的概率为

$$P(\bar{A}\bar{B})=P(\overline{A\cup B})=1-P(A\cup B)=1-0.9=0.1;$$

(4)"B 发生"的概率为

$$P(B)=P(A\cup B)-P(A)+P(AB)=0.9-0.6+0.2=0.5.$$

1.3　条件概率与全概率公式

1.3.1　条件概率的引例及定义

某一高校中女生年龄超过 20 岁与该校少数民族女生年龄超过 20 岁,是两个不同的事件,

求解这两个事件概率的方法也不一样. 再看下面的例子.

【例 1.13】 同一宿舍的 8 位同学需要通过抽签确定一张音乐会优待票的归属权, 试分别求下列事件的概率:

(1)"第二位同学抽中";

(2)"第一位同学没抽中后, 第二位同学抽中".

分析: 为方便, 记 A_i="第 i 位同学抽中", $i=1,2,3,4,5,6,7,8$. 则(1)中事件"第二位同学抽中"的概率为 $P(A_2)$, 利用古典概率的计算方法求得 $P(A_2)=\dfrac{1}{8}$, 同理可求得

$$P(A_1)=\frac{1}{8}, \quad P(\overline{A_1})=\frac{7}{8}, \quad P(\overline{A_1}A_2)=\frac{1}{8}.$$

而(2)中事件"第一位同学没抽中后, 第二位同学抽中"的概率是不是 $\dfrac{1}{8}$? 实际上, 这是在事件 $\overline{A_1}$ 发生的附加条件下, 事件 A_2 发生的概率计算问题, 我们把它记为 $P(A_2\,|\,\overline{A_1})$. 在附加条件下, 新的样本空间的样本点数为 C_7^1, 从而

$$P(A_2\,|\,\overline{A_1})=\frac{C_1^1}{C_7^1}=\frac{1}{7}.$$

从另一方面来看

$$P(A_2\,|\,\overline{A_1})=\frac{1}{7}=\frac{\dfrac{1}{8}}{\dfrac{7}{8}}=\frac{P(\overline{A_1}A_2)}{P(\overline{A_1})}.$$

这种算法无须考虑新的样本空间, 具有普遍意义, 因此可引入以下定义.

定义 1.9 设 A、B 为同一样本空间 Ω 下的两个事件, 若 $P(B)>0$, 则称

$$P(A\,|\,B)=\frac{P(AB)}{P(B)}$$

为在事件 B 发生条件下事件 A 发生的条件概率, 简称条件概率.

同样可定义条件概率 $P(B\,|\,A)$,

$$P(B\,|\,A)=\frac{P(AB)}{P(A)}\,(P(A)>0).$$

显然, 条件概率与普通概率一样, 具有非负性、规范性、互补性等一系列性质.

例如: $P(A\,|\,B)\geqslant 0$; $P(A\,|\,B)+P(\overline{A}\,|\,B)=1$.

【例 1.14】 设某科动物出生之后活到 20 岁的概率为 0.8, 活到 30 岁的概率为 0.32, 求现年 20 岁的这种动物活到 30 岁的概率.

解 记事件 A="这种动物由出生活到 20 岁",

事件 B="这种动物由出生活到 30 岁".

易见 $B \subset A$, 有 $AB=B$, 于是由已知得

$$P(A)=0.8, \quad P(B)=0.32, \quad P(AB)=P(B)=0.32.$$

因此, 所求概率为

$$P(B\,|\,A)=\frac{P(AB)}{P(A)}=\frac{0.32}{0.8}=0.4.$$

注: 该例题用古典概率计算方法来解答不见得简单.

【例 1.15】 一袋子中装有 3 个白乒乓球和 7 个黄乒乓球, 其中白色乒乓球分别标上了数

字 1,2,3,而黄色乒乓球分别标上了数字 4,5,6,7,8,9,10. 现在从袋中随机取出 1 球,发现为黄色球,求该球标的是偶数的概率.

解　记 $A=$"取出 1 球为黄色球",$B=$"该球标的是偶数". 则 $AB=$"该球标的是偶数,并且是黄色乒乓球",利用古典概率计算方法得

$$P(A)=\frac{7}{10}, \ P(AB)=\frac{4}{10}.$$

因此,所求概率为

$$P(B|A)=\frac{P(AB)}{P(A)}=\frac{\frac{4}{10}}{\frac{7}{10}}=\frac{4}{7}.$$

1.3.2　乘法公式

由条件概率定义式

$$P(A|B)=\frac{P(AB)}{P(B)} \ (P(B)>0),$$

$$P(B|A)=\frac{P(AB)}{P(A)} \ (P(A)>0),$$

可直接得到以下乘法公式.

定理 1.1(乘法公式或定理)

(1)对任意事件 A、B,若 $P(B)>0$,则 $P(AB)=P(B)P(A|B)$;若 $P(A)>0$, 则 $P(AB)=P(A)P(B|A)$.

(2)对同一样本空间下事件列 $A_1,A_2,\cdots,A_n$,若 $P(A_1A_2\cdots A_{n-1})>0$,则

$$P(A_1A_2\cdots A_n)=P(A_1)P(A_2|A_1)P(A_3|A_1A_2)\cdots P(A_n|A_1A_2\cdots A_{n-1}).$$

特别地,若 $P(A_1A_2)>0$,则

$$P(A_1A_2A_3)=P(A_1)P(A_2|A_1)P(A_3|A_1A_2).$$

证明

(1)依据条件概率定义易得.

(2)由于

$$A_1\supset A_1A_2\supset\cdots\supset A_1A_2\cdots A_{n-1},$$

因此

$$P(A_1)\geqslant P(A_1A_2)\geqslant\cdots\geqslant P(A_1A_2\cdots A_{n-1})>0.$$

故有

$$P(A_1)P(A_2|A_1)P(A_3|A_1A_2)\cdots P(A_n|A_1A_2\cdots A_{n-1})$$
$$=P(A_1)\frac{P(A_1A_2)}{P(A_1)}\cdot\frac{P(A_1A_2A_3)}{P(A_1A_2)}\cdot\cdots\cdot\frac{P(A_1A_2\cdots A_n)}{P(A_1A_2\cdots A_{n-1})}=P(A_1A_2\cdots A_n).$$

【例 1.16】　一批手提电脑共 100 台,其中 10 台次品,其余为合格品. 采用无放回抽样依次抽取 3 次,每次抽 1 台,求第 3 次才抽到合格品的概率.

解　记 $A_i=$"第 i 次抽到合格品",$i=1,2,3$. 易见,"第 3 次才抽到合格品"$=\overline{A_1}\ \overline{A_2}A_3$,于是,得所求概率为

$$P(\overline{A_1}\ \overline{A_2}A_3)=P(\overline{A_1})P(\overline{A_2}|\overline{A_1})P(A_3|\overline{A_1}\ \overline{A_2})=\frac{10}{100}\times\frac{9}{99}\times\frac{90}{98}\approx0.008\ 3.$$

【例 1.17】 设一个大盒子中有 m 个红球，$n(<m)$ 个白球，每次从盒中任取 1 个球，观察颜色后放回并再放入与取出球同颜色的 $k(>0)$ 个球，如此连续取球 3 次，试比较事件"第 1 次取得红球，第 2、3 次取得白球"与事件"第 1 次取得白球，第 2 次取得红球而第 3 次取得白球"概率的大小.

解 记 $R_i=$"第 i 次取到红球"，$i=1,2,3$，则 $\overline{R_i}=$"第 i 次取到白球"，$i=1,2,3$. 于是

"第 1 次取得红球，第 2、3 次取得白球" $=R_1\,\overline{R_2}\,\overline{R_3}$，

"第 1 次取得白球，第 2 次取得红球而第 3 次取得白球" $=\overline{R_1}R_2\,\overline{R_3}$.

利用乘法公式有：

$$P(R_1\,\overline{R_2}\,\overline{R_3})=P(R_1)P(\overline{R_2}\mid R_1)P(\overline{R_3}\mid R_1\,\overline{R_2})=\frac{m}{m+n}\cdot\frac{n}{m+n+k}\cdot\frac{n+k}{m+n+2k},$$

$$P(\overline{R_1}R_2\,\overline{R_3})=P(\overline{R_1})P(R_2\mid\overline{R_1})P(\overline{R_3}\mid\overline{R_1}R_3)=\frac{n}{m+n}\cdot\frac{m}{m+n+k}\cdot\frac{n+k}{m+n+2k},$$

以上结果表明事件"第 1 次取得红球，第 2、3 次取得白球"的概率与事件"第 1 次取得白球，第 2 次取得红球而第 3 次取得白球"的概率相等.

注：从【例 1.16】和【例 1.17】来看，有些情况直接用古典概型公式求概率不易做出来，利用条件概率公式求概率就容易多了.

1.3.3 全概率公式和贝叶斯公式

1. 样本空间的一个划分

定义 1.10 设 $A_1,A_2,\cdots,A_n$ 为样本空间 Ω 的一组事件，若满足

(1) $A_iA_j=\Phi,i,j=1,2,\cdots,n$，且 $i\neq j$；

(2) $\bigcup\limits_{i=1}^{n}A_i=\Omega$.

则称 $A_1,A_2,\cdots,A_n$ 为样本空间 Ω 的一个划分，也称完备事件组.

注：

(1) $A,\overline{A}$ 是 Ω 的一个划分；

(2) 若 $A_1,A_2,\cdots,A_n$ 为样本空间 Ω 的一个划分，则在每一次试验中，事件 $A_1,A_2,\cdots,A_n$ 有且只有一个发生.

2. 全概率公式

定理 1.2 设 B 为样本空间 Ω 中的任一事件，$A_1,A_2,\cdots,A_n$ 为完备事件组，且 $P(A_i)>0$ $(i=1,2,\cdots,n)$. 则有

$$P(B)=\sum_{i=1}^{n}P(A_i)P(B\mid A_i).$$

称这一公式为全概率公式.

证明 由已知，得 $A_1,A_2,\cdots,A_n$ 互不相容，且 $\bigcup\limits_{i=1}^{n}A_i=\Omega$. 于是，对任一事件 B 有 BA_1，$BA_2,\cdots,BA_n$ 互不相容，且

$$B=B\Omega=B\left(\bigcup_{i=1}^{n}A_i\right)=\bigcup_{i=1}^{n}BA_i.$$

所以，由有限可加性和乘法公式，得

$$P(B) = P(\bigcup_{i=i}^{n} BA_i) = \sum_{i=1}^{n} P(BA_i) = \sum_{i=1}^{n} P(A_i)P(B \mid A_i).$$

注:

(1)如果事件 B 的概率不容易求出,而又容易找到样本空间的一个划分 $A_1, A_2, \cdots, A_n$,且 $P(A_i)(>0)$ 和 $P(B|A_i)$ 已知或容易求出,则可用全概率公式求得 $P(B)$.

(2)全概率公式的最简单形式:若样本空间 Ω 中的事件 A 满足:$0<P(A)<1$,则对同一 Ω 中的任一事件 B,有

$$P(B) = P(A)P(B \mid A) + P(\overline{A})P(B \mid \overline{A}).$$

3. 贝叶斯公式

定理 1.3 设 B 为样本空间中的任意事件,$A_1, A_2, \cdots, A_n$ 为完备事件组,且 $P(A_i) > 0(i=1,2,\cdots,n)$,$P(B)>0$,则有

$$P(A_i \mid B) = \frac{P(A_i)P(B \mid A_i)}{\sum_{j=1}^{n} P(A_j)P(B \mid A_j)}, i = 1, 2, \cdots, n.$$

称这一(组)公式为贝叶斯公式,也称为逆概率公式.

证明 由题设,满足条件概率定义式及全概率公式的条件,于是

$$P(A_i \mid B) = \frac{P(A_iB)}{P(B)} = \frac{P(A_i)P(B \mid A_i)}{\sum_{j=1}^{n} P(A_j)P(B \mid A_j)}, i = 1, 2, \cdots, n.$$

【**例 1.18**】 设某工厂由第 1,2,3 条生产线生产同一种产品,产量依次占全厂的 40%,30%,30%,且各生产线的次品率分别为 3%,2%,4%,现从该厂的一批产品中检查出 1 件次品,该次品要追扣 1 000 元经济责任,问:对第 1,2,3 条生产线如何处罚?

解 记 $B=$"取出的产品为次品",$A_i=$"取到的是第 i 条生产线生产的产品",$i=1,2,3$. 易见,A_1, A_2, A_3 构成了完备事件组,且

$$P(A_1)=0.4, \ P(A_2)=0.3, \ P(A_3)=0.3,$$
$$P(B|A_1)=0.03, \ P(B|A_2)=0.02, \ P(B|A_3)=0.04.$$

则

$$P(B) = \sum_{i=1}^{3} P(A_i)P(B \mid A_i) = 0.4 \times 0.03 + 0.3 \times 0.02 + 0.3 \times 0.04 = 0.03.$$

从而,由贝叶斯公式

$$P(A_1 \mid B) = \frac{P(A_1)P(B|A_1)}{\sum_{j=1}^{3} P(A_j)P(B \mid A_j)} = \frac{0.4 \times 0.03}{0.03} = 0.4.$$

同理,得 $P(A_2|B)=0.2$,$P(A_3|B)=0.4$. 由此可见,该次品出自第 1,2,3 条生产线的概率分别为 $0.4,0.2,0.4$. 以此分别乘以 1 000 元就得,对第 1,2,3 条生产线分别扣 400 元,200 元,400 元的经济责任.

【**例 1.19**】 过去临床数据记录说明某种试剂诊断某种癌症的效果是:真正癌症患者,试验反应为阳性的概率为 0.99;健康者,试验反应为阴性的概率为 0.999. 从历史数据知某地区的癌症发病率为 $0.000\ 5$,现用这种试剂对该地区进行该种癌症普查,求:

(1)任一人检查结果呈阳性的概率是多少?

(2)若某人拿到的检验结果是阳性,则此人真正患有癌症的概率是多少?

　　解　记 $B=$"该地区任一人检查呈阳性"，$A=$"被检查者患有癌症".
则有

$$P(A)=0.000\ 5,\ P(\bar{A})=1-0.000\ 5=0.999\ 5,$$

$$P(B|A)=0.99,P(B|\bar{A})=1-0.999=0.001.$$

于是

　　（1）所求概率为

$$P(B)=P(A)P(B|A)+P(\bar{A})P(B|\bar{A})=0.000\ 5\times0.99+0.999\ 5\times0.001=0.001\ 494\ 5.$$

　　（2）所求概率为

$$P(A|B)=\frac{P(A)P(B|A)}{P(A)P(B|A)+P(\bar{A})P(B|\bar{A})}=\frac{0.000\ 5\times0.99}{0.001\ 494\ 5}\approx0.331.$$

　　注：

　　（1）本例题的结果对医学研究具有指导作用. 无论是医生还是被检查者都不应该轻易相信第一次检验为阳性的结果是因为患癌症造成的，因为极大的可能是试剂的缺陷造成的. 虽然这种试剂的精准度很高，但具体数据表明，平均而言 1 000 个阳性者中大约只有 331 人的确患有癌症，而有（1 000－331＝）669 个健康人是被吓了一跳的. $P(A|B)$ 与 $P(B|A)$ 是不一样的，要区分清楚，还有特别想提醒诊断检查机构应该尽可能提高诊断的可靠性.

　　（2）基于条件概率的三个重要公式：乘法公式，全概率公式和贝叶斯公式是解决现实随机问题中复杂事件概率计算非常有用的公式.

1.4　独立性

独立性是概率论的重要概念，它包括事件的独立性、试验的独立性和随机变量的独立性.

1.4.1　事件的独立性

　　【例 1.20】　从没有大小王的 52 张扑克牌中随机抽取两次，每次取一张，看清楚第一张牌后放回重新洗牌，再随机抽取第二张. 求：

　　（1）第 1 次抽到的一张为草花牌后，第 2 次抽到的一张为草花牌的概率；

　　（2）第 1 次抽到的一张为非草花牌后，第 2 次抽到的一张也为草花牌的概率；

　　（3）第 2 次抽到的一张为草花牌的概率.

　　解　记 $A=$"第 1 次抽到的一张为草花牌"，$B=$"第 2 次抽到的一张为草花牌". 由古典概率计算方法或概率的互补性，得

$$P(A)=\frac{13}{52},\ P(\bar{A})=1-\frac{13}{52}=\frac{39}{52},$$

$$P(AB)=\frac{13\times13}{52\times52},P(\bar{A}B)=\frac{39\times13}{52^2}.$$

由条件概率定义式或全概率公式，得

　　（1）所求概率为

$$P(B|A)=\frac{P(AB)}{P(A)}=\frac{13}{52};$$

（2）所求概率为

$$P(B|\bar{A})=\frac{P(\bar{A}B)}{P(\bar{A})}=\frac{13}{52};$$

（3）所求概率为

$$P(B)=P(A)P(B|A)+P(\bar{A})P(B|\bar{A})$$
$$=\frac{13\times13}{52\times52}+\frac{39\times13}{52\times52}=\frac{13}{52}.$$

注：一般而言，$P(B)\neq P(B|A)$，但从本例结果得到

$$P(B)=P(B|A).$$

也就是在这种特别情形时，有

$$P(AB)=P(A)P(B).$$

细心的读者会发现，在这游戏规则下，事件 A 不会影响事件 B，反之亦然. 这类现象也不少见，例如，甲乙两人在不同场上投篮，甲投篮命中情况不会影响乙命中情况，反之也一样. 据此我们引入两个事件独立性的定义.

定义 1.11　若同一样本空间 Ω 下的随机事件 A 与 B，它们之中任一事件发生不受另一事件发生的影响，则称随机事件 A 与 B 相互独立，简称 A 与 B 独立.（否则称 A 与 B 不独立，也称 A 与 B 相依）即若

$$P(AB)=P(A)P(B),$$

则称 A 与 B 独立.

注：（1）若事件 A 与 B 满足

$$P(A)>0,\ P(B)>0$$

则 A 与 B 独立和 A 与 B 互不相容不能同时成立.

证明　如果此时 A 与 B 独立，A 与 B 互不相容，则有

$$P(AB)=P(A)P(B),\ AB=\Phi,$$

从而有 $P(A)P(B)=P(AB)=P(\Phi)=0$，这与给定的前提矛盾.

（2）事件独立性的判断. 对某些实际问题，事件的概率是很难求出的，不能依据公式 $P(AB)=P(A)P(B)$ 来作出判断，这时可依据经验和凭感觉判断——两个事件的发生相互没有影响就判定为独立.

【例 1.21】（1）试验：观察两孩家庭的男孩、女孩构成. 如果记

$A=$"两孩之家，男女孩子都有"，$B=$"两孩之家，至多有一女孩子".

问：A 与 B 是否独立？

（2）试验：观察三个小孩家庭的男孩、女孩构成. 如果记

$A=$"三孩之家，男女孩子都有"，$B=$"三孩之家，至多有一女孩子".

问：A 与 B 是否独立？

（3）实际随机问题：甲乙两同学进行一次三分线处的投篮比赛. 如果记

$A=$"甲投进三分"，$B=$"乙投进三分".

问：A 与 B 是否独立？

解　（1）易见：$AB=$"两孩之家，恰有一个女孩子". 而由古典概率方法，得

$$P(A)=\frac{2}{4},P(B)=\frac{3}{4},P(AB)=\frac{2}{4}.$$

可见

$$P(AB)=\frac{2}{4}\neq\frac{2}{4}\times\frac{3}{4}=P(A)P(B),$$

这表明 A 与 B 不独立.

(2)易见:$AB=$"三孩之家,恰有一个女孩子".由古典概率方法,得

$$P(A)=\frac{6}{8},P(B)=\frac{4}{8},P(AB)=\frac{3}{8}.$$

可见

$$P(AB)=\frac{3}{8}=\frac{6}{8}\times\frac{4}{8}=P(A)P(B),$$

这表明 A 与 B 独立.

(3)凭经验感觉可判定 A 与 B 独立.

定理 1.4　若随机事件 A 与 B 独立,则

(1)A 与 $\bar{B}$ 独立;(2)$\bar{A}$ 与 B 独立;(3)$\bar{A}$ 与 $\bar{B}$ 独立.

证明　(1)已知事件 A 与 B 独立,得 $P(AB)=P(A)P(B)$. 于是,由可减性、互补性,得

$$\begin{aligned}
P(A\bar{B})&=P(A-B)=P(A)-P(AB)\\
&=P(A)-P(A)P(B)\\
&=P(A)[1-P(B)]\\
&=P(A)P(\bar{B}).
\end{aligned}$$

故事件 A 与 $\bar{B}$ 独立.

(2)同理可证 $\bar{A}$ 与 B 独立.

(3)基于(2)由(1)可得 $\bar{A}$ 与 $\bar{B}$ 独立.

定义 1. 12　若同一 Ω 下的随机事件 A、B、C 满足

$$P(AB)=P(A)P(B),$$
$$P(BC)=P(B)P(C),$$
$$P(AC)=P(A)P(C),$$

则称 A、B、C 两两独立. 在此基础还满足

$$P(ABC)=P(A)P(B)P(C).$$

则称随机事件 A、B、C 相互独立. 简称 A、B、C 独立.

注:若 A、B、C 相互独立,则 A、B、C 两两独立;反之不成立.

【例 1. 22】　设一个盒子中装有尺寸一样的 4 张卡片,其中三张分别标有数字 1,2,3,剩下一张则同时标有数字 1,2,3. 现从中随机抽取一张,如果记 $A=$"取到有数字 1 的卡片",$B=$"取到有数字 2 的卡片",$C=$"取到有数字 3 的卡片",则 A、B、C 两两独立,但 A、B、C 不独立.

证明　由古典概率计算方法,得

$$P(A)=\frac{2}{4},\ P(B)=\frac{2}{4},\ P(C)=\frac{2}{4},$$

$$P(AB)=\frac{1}{4},\ P(BC)=\frac{1}{4},\ P(AC)=\frac{1}{4}.$$

易验证等式 $P(AB)=P(A)P(B)$,$P(BC)=P(B)P(C)$,$P(AC)=P(A)P(C)$ 成立,即 A、B、

C 两两独立. 而 $P(ABC)=\dfrac{1}{4}\neq\dfrac{2}{4}\times\dfrac{2}{4}\times\dfrac{2}{4}=P(A)P(B)P(C)$，故 A、B、C 不独立.

定义 1.13　若随机事件列 $A_1,A_2,\cdots,A_n$ 全部满足以下 2^n-n-1 个等式
$$P(A_iA_j)=P(A_i)P(A_j),$$
$$P(A_iA_jA_k)=P(A_i)P(A_j)P(A_k),$$
$$\cdots$$
$$P(A_1A_2\cdots A_n)=P(A_1)P(A_2)\cdots P(A_n).$$
其中，$1\leqslant i<j<k<\cdots\leqslant n$，则称 $A_1,A_2,\cdots,A_n$（相互）独立.

多个事件独立具有以下性质：

(1)若随机事件 $A_1,A_2,\cdots,A_n(n\geqslant2)$ 相互独立，则其中任意 $k(2\leqslant k\leqslant n)$ 个事件也相互独立.

(2)事件 $A_1,A_2,\cdots,A_n(n\geqslant2)$ 相互独立，则其中任意多个事件换成其对立事件，所得的 n 个事件也相互独立. 如

若 $A_1,A_2,\cdots,A_n$ 相互独立，则 $A_1,\overline{A_2},\cdots,\overline{A_n}$ 相互独立.

(3)若 $A_1,A_2,\cdots,A_n$ 独立，则 $A_1,A_2,\cdots,A_n$ 中部分事件运算结果与另一部分事件运算结果分别得到的这两个事件独立.

【例 1.23】　设高射炮每次击中飞机的概率为 0.1，求至少需要多少门这种高射炮同时独立发射（每门发射一弹）才能使击中飞机的概率达到 0.95 以上？

解　设需要 n 门高射炮同时发射才满足要求. 记
$$A=\text{“飞机被击中”}，$$
$$A_i=\text{“飞机被第 } i \text{ 门高射炮击中”}，i=1,2,\cdots,n.$$
则 $A_1,A_2,\cdots,A_n$ 独立，且 $A=A_1\bigcup A_2\bigcup\cdots\bigcup A_n$. 又已知
$$P(A_i)=0.1,i=1,2,\cdots,n.$$
于是，有
$$\begin{aligned}
0.95\leqslant P(A)&=P(A_1\bigcup A_2\bigcup\cdots\bigcup A_n)\\
&=1-P(\overline{A_1\bigcup A_2\bigcup\cdots\bigcup A_n})\\
&=1-P(\overline{A_1}\;\overline{A_2}\cdots\overline{A_n})\\
&=1-P(\overline{A_1})P(\overline{A_2})\cdots P(\overline{A_n})\\
&=1-(1-0.1)^n.
\end{aligned}$$
即
$$0.9^n\leqslant0.05.$$

验证可知，$n\geqslant29$ 时，以上不等式成立. 所以至少需要 29 门高射炮同时向飞机发射，才能保证飞机被击中的概率超过 0.95.

【例 1.24】　在研究系统稳定性时，设电子元件工作独立，试求解以下两种不同方法连接的系统（见图 1-5、图 1-6）哪一种稳定性更好？ 即 ab 之间保持通路的概率更大.

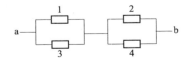　　　　　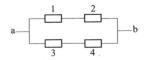

图 1-5　"先并后串"的系统　　　　　图 1-6　"先串后并"的系统

解　设每一个电子元件正常工作的概率为 $p(0<p<1)$，并记

$$B=\text{“先并后串系统工作正常”}，C=\text{“先串后并系统工作正常”}，$$
$$A_i=\text{“第 }i\text{ 个电子元件工作正常”}，i=1,2,3,4.$$

则 A_1,A_2,A_3,A_4 独立，且 $B=(A_1\bigcup A_3)(A_2\bigcup A_4)$，$C=A_1A_2\bigcup A_3A_4$. 又已知

$$P(A_i)=p,i=1,2,3,4.$$

则

$$P(B)=P(A_1\bigcup A_3)P(A_2\bigcup A_4)=[1-P(\overline{A_1\bigcup A_3})][1-P(\overline{A_2\bigcup A_4})]$$
$$=[1-P(\overline{A_1})P(\overline{A_3})][1-P(\overline{A_2})P(\overline{A_4})]=[1-(1-p)^2]^2=p^2(2-p)^2,$$
$$P(C)=P(A_1A_3\bigcup A_2A_4)=1-P(\overline{A_1A_3}\ \overline{A_2A_4})$$
$$=[1-P(\overline{A_1A_3})P(\overline{A_2A_4})]=(1-(1-p^2))^2=p^4,$$

从而

$$P(B)-P(C)=p^2(2-p)^2-p^4=4p^2(1-p)>0,$$

可见，“先并后串的系统”比“先串后并的系统”稳定.

1.4.2　试验的独立性

定义 1.14　若两个试验 E_1、E_2 满足：试验 E_1 的任一结果（事件）与试验 E_2 的任一结果（事件）都相互独立，则称这两个试验 E_1 与 E_2 相互独立. 简称 E_1 与 E_2 独立.

例如：E_1 为“掷一颗骰子”，E_2 为“掷一枚硬币”.

多个试验独立的定义和 n 重伯努利试验：

定义 1.15　对于 n 个试验 $E_1,E_2,\cdots,E_n$，如果 E_1 的任一结果，E_2 的任一结果，$\cdots$，E_n 的任一结果都是相互独立的事件，则称这些试验 $E_1,E_2,\cdots,E_n$ 独立，进一步，如果这相互独立的 n 个试验相同，则称这 n 个试验 $E_1,E_2,\cdots,E_n$ 为 n 重独立试验，在 n 重独立试验中，最有研究价值的是每个试验都只有两个可能结果（分别记为 A 和 $\overline{A}$），这种称为 n 重伯努利试验模型.

例如：掷 n 枚硬币，检查 n 件产品，掷 n 颗骰子等均为 n 重独立试验，前两种还是 n 重伯努利试验.

注：

(1)通常记 n 重伯努利试验中 $P(A)=p$，则 $P(\overline{A})=1-p$.

(2)利用独立性可推出“n 重伯努利试验”中，事件“n 次试验中事件 A 发生 k 次”的概率（记为 $P_n(k)$）为

$$P_n(k)=C_n^k P(\underbrace{AA\cdots A}_{k\text{个}A\text{之交}}\underbrace{\overline{A}\ \overline{A}\cdots \overline{A}}_{n-k\text{个}\overline{A}\text{之交}})=C_n^k p^k(1-p)^{n-k},k=0,1,2,\cdots,n.$$

【例 1.25】　一份难度较大的英语试卷，共有 10 题，均为四选一的选择题，某应考者只靠随机选择来选择答案，求该应考者成绩在及格以上（即至少选择正确 6 题）的概率. 该应考者以这种方式参加这种考试多少次才可以使得通过考试的概率达到 0.95 以上？

解　设 $B=\text{“该应考者成绩在及格以上”}$，$A=\text{“该应考者在答某题时答对”}$.

则 $P(A)=0.25$，$P(\overline{A})=0.75$. 而该应考者参加这种考试一次，相当于一个 $p=0.25$ 的 10 重伯努利试验. 所以所求概率为

$$P(B)=\sum_{k=6}^{10}P_{10}(k)=\sum_{k=6}^{10}C_{10}^k 0.25^k 0.75^{10-k}=0.02.$$

又设该应考者以这种方式参加这种考试 n 次就可以使得通过考试的概率达到 0.95 以上，则该应考者以这种方式参加这种考试 n 次结果全部不及格的概率必须在 0.05 以下，即

$$P(\bar{B})^n \leqslant 0.05, \ 0.98^n \leqslant 0.05.$$

解得 $n \geqslant 149$，即该应考者如果连续参加这种考试 149 次至少有一次考试在 60 分以上的概率达到 0.95 以上.

【例 1.26】　某种彩票每周开奖 3 次，每次提供千万分之一的中大奖 1 000 万元的机会. 每次开奖号码相互独立，一位"铁杆彩民"用自己心仪的号码连续每期购买 1 注这种彩票，如果该"铁杆彩民"要至少中一次 1 000 万元大奖的概率在 0.95 以上，求需要坚持连续购买多少年？

解　设该"铁杆彩民"需要坚持连续购买 n 年才能使得至少中一次 1 000 万元大奖的概率在 0.95 以上，也就是该"铁杆彩民"坚持连续购买 n 年都没中 1 000 万元大奖的概率小于 0.05，即

$$P(铁杆彩民连续购买 n 年均没中 1\,000 万元大奖) = \left(1 - \frac{1}{10\,000\,000}\right)^{52 \times 3n} \leqslant 0.05$$

即

$$\left(\frac{9\,999\,999}{10\,000\,000}\right)^{156n} \leqslant 0.05,$$

解得 $n \geqslant 192\,034$，即该"铁杆彩民"要至少中一次 1 000 万元大奖的概率在 0.95 以上，需要坚持连续购买至少 192 034 年.

【例 1.26】 中这种中大奖概率很小的彩票大盘玩法，要中一次大奖是非常不容易的. 所以，人们凭实践经验总结得出了小概率事件实际推断原理：概率很小的事件在一次或几次试验中实际上几乎是不发生的；但小概率事件在大量的试验中至少发生一次的概率几乎为 1. 因此，如果人们在平均回报率只有 50%～80%，且中奖概率不算太小的彩票小盘玩法中，适当把握好"大量的试验"中的"大量"的量值，就可以在彩票小盘玩法中从容获利. 不过值得提醒的是：一般而言，人们通过购买彩票获得丰厚的利润是不现实的.

习题 1

1. 写出下列随机试验的样本空间，并给出指定事件的集合表示：

(1) 掷一颗均匀的骰子，掷出奇数点；

(2) 掷两枚均匀的硬币. 记

$$A = "至少有一枚出现正面"，B = "两枚出现同一面".$$

2. 指出下列命题是否成立？并阐述理由.

(1) $\bar{A}B = B - A$；　　　　　　　　　　　　(2) $\overline{A \cup BC} = \overline{ABC}$；

(3) 若 $A \subset B$，则 $\bar{A} \subset \bar{B}$；　　　　　　　　(4) 若 $B \subset A$，则 $A \cup B = A$.

3. 设 A, B, C 为 3 个随机事件，试用 A, B, C 的运算式表示下列事件：

(1) " A, B 全发生，C 不发生"；　　　　　　(2) " A, B 仅发生一个，C 发生"；

(3) " A, B, C 不全发生"；　　　　　　　　　(4) " A, B 仅发生一个，C 发生"；

(5) " A, B 至少有一个不发生，C 发生".

4. 设随机事件 A、B 至少发生一个的概率为 0.6,"A 不发生而 B 发生"的概率为 0.4,且 $P(B)=0.5$,求 A,B 仅发生一个的概率.

5. 设随机事件 A、B 发生的概率分别为 0.3、0.6,问:

(1) $P(A\cup B)$ 取何值时,"A、B 同时发生"的概率取最小值?

(2) $P(A\cup B)$ 取何值时,"A、B 同时发生"的概率取最大值?

6. 从 5 双不同的鞋子中任取 4 只,求取出的 4 只鞋子中至少有两只配成一双的概率.

7. 10 个人随机地围一张圆桌而坐,求其中的甲、乙两人相邻而坐的概率.

8. 已知一个家庭有 3 个小孩,且又知其中有一个女孩,求该家庭至少有一个男孩的概率(假定男女孩子出生具有等可能性).

9. 航海途中,甲乙两艘轮船驶向不能同时停泊两艘轮船的补给码头,它们在一昼夜内到达该码头的时间是等可能的. 如果甲轮船停泊补给的时间需要 1 h,乙轮船停泊补给的时间需要 2 h,求它们中任何一艘船都不需要等候码头空出的概率.

10. 据以往概率论与数理统计课程考试结果分析,努力学习的学生考试及格的概率为 0.9,不努力学习的学生考试及格的概率为 0.1,据调查,学生中有 85% 的人是努力学习的,试求:

(1) 参加概率论与数理统计课程考试的学生考试及格的概率?

(2) 概率论与数理统计课程考试及格的学生,有多大的可能是不努力学习的学生?

11. 小明和小亮都参加了所在二级学院的演讲大赛,结果他俩并列第一,奖品是他们俩分别从装有外观一样的 10 个 U 盘(其中 7 个 64 GB,3 个 32 GB)的袋中随机抽取. 规则是:小明先从中任取 1 个作为他的奖品. 接着小亮从剩下的 9 只 U 盘中任取 2 个,他从所取出的 2 个中选择喜欢的一个作为自己的奖品,另一个放回. 小明抽取后没有把结果告诉小亮,而小亮接着抽取的 2 个均为 64 GB 的 U 盘. 试求小明抽到的是 64 GB U 盘的概率.

12. 相关医学数据记载,某地区的肝癌发病率为 0.000 4,现用甲胎蛋白法进行普查,医学研究表明,化验结果存在错误. 已知患有肝癌的人检验呈阳性的概率为 0.99,而没有患肝癌的人检验呈阴性的概率也为 0.99. 现该地区的某人去进行该项检查.

(1) 求此人检验结果呈阳性的概率;

(2) 若此人检验结果为阳性,求其没有患肝癌的概率.

13. 试验:观察四个小孩家庭的男孩、女孩构成. 假设男孩、女孩出生的概率相等. 记 $A_1=$"四孩之家,男孩女孩都有",$A_2=$"四孩之家,至少有一男孩". 试判断 A_1 与 A_2 是否独立.

14. 每门高射炮击中飞机的概率为 0.4,试问:需要配备多少门高射炮独立同时向飞机射击,才能以超过 99% 的概率击中飞机?

15. 作为我校学生的你,若下周在市体育中心有机会与乒乓球国手进行乒乓球比赛,且比赛赛制由你选择,供选择的有"一局定胜负"和"三局二胜制",那么你应该选择的是"一局定胜负"还是"三局二胜制"?

16. (1993 考研题)设 10 件产品中有 4 件不合格品,从中任取两件,已知所取两件产品中有一件是不合格品,求另一件也是不合格品的概率.

17. (1997 考研题)设 A、B 是任意两个随机事件,求

$$P((\overline{A}\cup B)(A\cup B)(\overline{A}\cup\overline{B})(A\cup\overline{B})).$$

18. (1999 考研题)设两两独立的 3 个事件 A,B,C 满足

$$ABC=\Phi,\ P(A)=P(B)=P(C)<0.5,\ P(A\cup B\cup C)=9/16,$$

求 $P(A)$.

19.(2000 考研题)设随机事件 A,B 独立,且 A,B 都不发生的概率为 $1/9$, A 发生、B 不发生的概率与 B 发生、A 不发生的概率相等,求 $P(A)$.

20.(2006 考研题)设随机事件 A,B 满足 $P(B)>0$, $P(A|B)=1$,试比较 $P(A\cup B)$ 与 $P(A)$ 的大小.

客观题 1

一、填空题

1. 事件 A、B 都不发生,而事件 C 发生的对立事件可表示为＿＿＿＿＿＿.

2. 事件 A、B 都发生,而事件 C 不发生的对立事件可表示为＿＿＿＿＿＿.

3. 事件 A 与 B 至少有一事件发生,而事件 C 不发生的对立事件可表示为＿＿＿＿＿＿.

4. 对事件 A、B、C,若表示成 $\overline{A\cup B\cup C}$,则其含义是＿＿＿＿＿＿.

5. 事件 A,B 互不相容,其并集的三种表示方法为 $A\cup B=$ ＿＿＿＿、＿＿＿＿、＿＿＿＿.

6. 设 A,B,C 是三个随机事件,则"A,B,C 三个事件两个不发生"可以表示为＿＿＿＿＿＿.

7. 古典概率模型必须满足的两个条件是:(1)＿＿＿＿＿＿;(2)＿＿＿＿＿＿.

8. 某人玩"单、双"数字游戏,此人猜 5 次至多对 1 次的概率是＿＿＿＿＿＿.

9. 设两个相互独立的事件 A 和 B 发生的概率分别为 $1/9$ 和 $1/6$,则 A 和 B 都不发生的概率为＿＿＿＿＿＿.

10. 10 张奖券(刮奖)中含有 3 张有奖的,2 个人购买,每人一张,其中至少有一人中奖的概率为＿＿＿＿＿＿.

11. 4 件产品中有 2 件正品,2 件次品,任选 2 件产品,则恰有 1 件为次品的概率为＿＿＿＿.

12. 三人独立地破译一份密码,他们能破译的概率分别为 $0.4,0.5,0.6$,则此密码能被破译的概率为＿＿＿＿(计算出具体数值).

13. 某博彩游戏中 100 元的概率是 $\dfrac{1}{3}$,每次 10 元,某人玩了 4 次,则这人不亏本的概率是＿＿＿＿＿＿.

14. 从 4 双不同的鞋子中任取 2 只,则它们不成对的概率是＿＿＿＿＿＿.

15. 过某十字路口,遇绿灯的概率是 0.25,某人一天经过这个路口 4 次,则此人至少有 1 次遇到绿灯的概率是＿＿＿＿＿＿.

16. 已知 $P(A)=0.3$, $P(B)=0.5$, $P(\overline{A}|B)=0.6$, 则 $P(A\cup B)=$ ＿＿＿＿.

17. 对于 3 个事件 A_1,A_2,A_3,由对立事件的概率计算公式得 $P(A_1\cup A_2\cup A_3)=$ ＿＿＿＿＿＿;如果 A_1,A_2,A_3 相互独立,则 $P(\overline{A}_1\overline{A}_2\overline{A}_3)=$ ＿＿＿＿＿＿.

18. 设 $P(A)=0.6$, $P(B)=0.4$, $P(A\overline{B})=0.3$, 则 $P(A\cup B)=$ ＿＿＿＿.

19. 已知 $P(A)=0.3$, $P(B)=0.5$, $P(\overline{A}|B)=0.6$,则 $P(A\cup B)=$ ＿＿＿＿＿＿.

20. 若事件 A、B 相互独立,且 $P(A\cup B)=0.4$, $P(B)=0.1$, 则 $P(A)=$ ＿＿＿＿＿＿.

21. 某班一共有 40 名同学,则这 40 名同学中没有两名或两名以上的同学为同一天生日的概率为＿＿＿＿(写出数值表达式即可,不必计算出具体数值).

22. 5 件产品中有 1 件次品,任选两件产品,则这两件都是正品的概率为＿＿＿＿.

23. 已知 $P(A)=0.5$，$P(B)=0.6$，$P(A \cup B)=0.7$，则 $P(\bar{A} \cup \bar{B})=$_____.

24. 从总共 11 件(其中次品为 4 件，其余为正品)的一批产品中任取 8 件，若以 X 表示取出 8 件中次品的件数，则 X 的可能取值为_____.

25. 事件 A 与 B 独立，且 $P(A)=0.8$，$P(B)=0.2$，则 $P(A \cup B)$ 的值为_____.

26. 设 A、B 为同一样本空间中的两个事件，$P(B)>0$，则在给定条件 B 下，事件 A 的条件概率 $P(A|B)=$_____.

27. 设 $P(A)=0.8$，$P(B)=0.4$，$P(B|A)=0.25$，则 $P(A|B)=$_____.

二、选择题

1. 已知事件 A 与 B 独立，$P(A)=0.3$，$P(\bar{B})=0.4$，则 $P(A \cup B)$ 的值为(　　　).
A. 0.9　　　　　　B. 0　　　　　　C. 0.5　　　　　　D. 0.72

2. 设 A,B,C 为随机事件，则下列选项中正确的是(　　　).
A. 若 A 与 B 互不相容，则 A 与 B 独立
B. 若 $P(A)=1$，则 A 一定是必然事件
C. $P(A \cup B)=P(A)+P(B)+P(A)P(B|A)$
D. 以上均正确

3. 设三个人同时独立地猜一谜语，猜中的概率分别为 0.5，0.6，0.8，则这个谜语被猜中的概率为(　　　).
A. 0.04　　　　　　B. 0.68　　　　　　C. 0.97　　　　　　D. 0.96

4. 四位同学射击中靶的概率分别是 0.6，0.7，0.8，0.9，则没有人命中的概率为(　　　).
A. 0.997 6　　　　B. $1-0.002\ 4^4$　　　C. 0.002 4　　　　D. $1-0.24^2$

5. 设 A 与 $\bar{B}$ 独立，以下式子或说法中正确的是(　　　).
A. A 与 B 对立　　　　　　　　　　B. A 与 B 不相容
C. $P(A|B)=P(A)$　　　　　　　　　D. $P(A|B)=P(B)$

6. 已知 $P(A)=0.7$，$P(B)=0.2$，而且 A、B 相互独立，则 $P(A-B)=$(　　　).
A. 0.14　　　　　　B. 0　　　　　　C. 0.56　　　　　　D. 0.7

7. 对掷一颗骰子的试验，在概率论中将"出现偶数点"称为(　　　).
A. 样本空间　　　B. 必然事件　　　C. 不可能事件　　　D. 随机事件

8. 对事件 A 与 B，以下式子或说法中正确的是(　　　).
A. 若 A 与 B 对立，则 A 与 B 独立　　　B. 若 A 与 B 对立，则 A 与 B 不相容
C. 若 A 与 B 不相容，则 A 与 B 独立　　　D. 若 A 与 B 独立，则 A 与 B 不相容

9. 设 A、B 两事件，$P(A)=0.5$，$P(B)=0.7$.则以下说法中正确的是(　　　).
A. 当 A 与 B 独立时，$P(AB)$ 取到最大
B. 当 $A \supset B$ 时，$P(AB)$ 取到最大
C. 当 $A \subset B$ 时，$P(AB)$ 取到最小
D. 当 $A \cup B=S$(样本空间) 时，$P(AB)$ 取到最小

10. 设 A 与 $\bar{B}$ 独立，以下式子或说法中正确的是(　　　).
A. A 与 B 对立　　　　　　　　　　B. A 与 B 不相容
C. $P(A|B)=P(A)$　　　　　　　　　D. $P(A|B)=P(B)$

11. 已知 $P(A)=0.4$，$P(B)=0.3$，则 $P(AB)$ 可能取得的最小值为(　　　).

A. 0. 8　　　　　　　B. 0　　　　　　　　C. 0. 3　　　　　　　D. 0. 1

12. A,B 互不相容,则_____成立.

A. $P(AB)=P(A) \cdot P(B)$　　　　　　　B. $P(A \cup B)=P(A)+P(B)$

C. $P(A-B)=P(A)-P(B)$　　　　　　D. $P(A \cup B)=1-P(\bar{A})P(\bar{B})$

13. A,B 为两个事件,且 $A \subset B$,则一定成立的是(　　).

A. $AB=B$　　　B. $A \cup B=B$　　　C. $P(A)>(B)$　　　D. $P(A)<(B)$

14. 设 A,B 为随机事件,则下列命题中正确的是(　　).

A. $P(A\bar{B})=P(A)-P(AB)$　　　　　B. $P(AB)=P(A)P(B)$

C. A,B 独立与互不相容同时成立　　　D. $P(A-B)=P(A)-P(B)$

15. 设随机事件 A、B、C、D 相互独立,则随机事件 $B-D$ 与____相互独立.

A. $B\bar{D}$　　　B. $\overline{BD}$　　　C. $BC \cup D$　　　D. $A\bar{C}$

16. 作为普通大学生的你,若下周在玉林市体育馆有机会与乒乓球国手进行比赛,对你取胜最不利的赛制是(　　).

A. 七局四胜制　　　　　　　B. 五局三胜制

C. 三局二胜制　　　　　　　D. 一局定胜负

17. 相同条件下抛掷一枚均匀的硬币 5 次,则 5 次中出现的面不全同的概率为(　　).

A. $\dfrac{15}{16}$　　　B. $\dfrac{7}{8}$　　　C. $\dfrac{3}{4}$　　　D. $\dfrac{1}{2}$

18. 设 A、B 是两个互不相容的事件,$P(B)>0$,则下列各式中一定成立的是(　　).

A. $P(A)=1-P(B)$　　　　　　B. $P(A|\bar{B})=0$

C. $P(A|B)=1$　　　　　　　D. $P(\overline{AB})=1$

19. 设 A、B 是两个互不相容的事件,$P(A)=0.3$,$P(B)=0.3$,则 $P(B|\bar{A})=$(　　).

A. $\dfrac{1}{7}$　　　B. $\dfrac{2}{7}$　　　C. $\dfrac{3}{7}$　　　D. $\dfrac{4}{7}$

20. 设 A、B 为两随机事件,且 $A \subset B$,则下列式子中错误的是(　　).

A. $A=AB$　　　B. $\bar{B}=\bar{A}$　　　C. $A \cup B=B$　　　D. $A\bar{B}=A$

21. 设 $P(A)=0.4$,$P(B)=0.3$,$P(A \cup B)=0.6$,则 $P(A\bar{B})=$(　　).

A. 0. 12　　　B. 0. 1　　　C. 0. 3　　　D. 0. 16

22. $p_k=\dfrac{b}{k(k+1)}$ $(k=1,2,\cdots)$ 为离散型随机变量的概率分布,则常数 $b=$(　　).

A. 2　　　B. 1　　　C. $\dfrac{1}{2}$　　　D. 3

23. 设随机事件 A 与 B 互不相容,且有 $P(A)>0$,$P(B)>0$,则下列关系中成立的是(　　).

A. A,B 相互独立　　　　　　B. A,B 不相互独立

C. A,B 互为对立事件　　　　D. A,B 不互为对立事件

24. 三个人抽签(抽出的签不放回),已知签筒中的 $n(n \geqslant 3)$ 根签中只有一根红签,设 $A_i=$ "第 i 个人抽到红签",则 $P(A_i)=$(　　).

A. $P(\bar{A})$　　　B. $P(A_2)$　　　C. $P(\bar{A_1}\bar{A_2}A_3)$　　　D. $P(A_3|\bar{A_1}\bar{A_2})$

25. 设 A 表示"甲击中目标",B 表示"乙击中目标",C 表示"丙击中目标",则 $\bar{A} \cup \bar{B} \cup \bar{C}$ 表

示(　　).

  A. 甲乙丙都击中　　　　　　　　　B. 甲乙丙不都击中

  C. 甲乙丙都击中　　　　　　　　　D. 以上全不对

三、是非题

1. 对任意两事件 A、B,则 $P(AB)=P(A)P(B)$.　　　　　　　　　　　　　（　　）

2. 事件 A 与 B 不相容,则 A 与 B 不一定是对立事件.　　　　　　　　（　　）

3. 对两事件 A、B,则 $P(AB)=P(A|B)P(B)$.　　　　　　　　　　　　（　　）

4. A 与 B 为对立事件,则 A 与 B 必然不相容.　　　　　　　　　　（　　）

5. 若事件 A 发生的概率等于 0,则 A 是不可能事件.　　　　　　　　　（　　）

6. 若 A 与 B 为互逆事件,则 A 与 B 独立.　　　　　　　　　　　（　　）

7. 若事件发生的概率是 1,则这个事件是必然事件.　　　　　　　　　　（　　）

8. 对事件 A、B、C,若 $P(A)>0$, $P(B)>0$, $P(C)>0$,则　　　　（　　）
$$P(ABC)=P(C)P(B|C)P(A|BC).$$

9. 若事件发生的概率是 0,则这个事件不可能发生.　　　　　　　　　　（　　）

10. 几乎不发生的事件概率为 0.　　　　　　　　　　　　　　　　　　（　　）

11. A 与 B 为对立事件,则 A 与 B 必然不相容.　　　　　　　　　（　　）

12. 若 $P(A)=0$,则事件 A 在实际中一定不会发生.　　　　　　　　　（　　）

13. 条件概率是概率,故满足性质 $P(A|B)=1-P(\bar{A}|B)$.　　　　　　（　　）

14. 若有事件 A,B,且 $P(A)\leqslant P(B)$,则 $A\subset B$.　　　　　　　（　　）

15. 对随机事件 A、B,其并集 $A\cup B$ 可以表示为互不相容并形式 $A\cup(A-B)$.　（　　）

16. 若事件 A,B 相互独立,则 $\bar{A}$,B 也相互独立.　　　　　　　　（　　）

第 2 章　随机变量的分布

在第 1 章中,我们通过计算随机事件概率来研究随机现象的统计规律.本章讨论利用随机变量的分布揭示随机现象的统计规律,使随机现象统计规律性变得简单、直观.

2.1　随机变量及其分布函数

1. 随机变量的定义

在很多样本空间中,基本事件不是用数值表示的,如抛硬币试验、检验产品合格率试验、在箱子中取出不同颜色球的试验等.由于基本事件不是用数值表示,因此我们不便于用数学方法揭示试验所蕴含的规律性.但是,我们可以构建样本空间与数的对应关系,例如,在抛硬币试验中,可建立对应关系,

$$\Omega = \{正面,反面\} \rightarrow \{0,1\},$$

$$X(\omega) = \begin{cases} 1, \omega = "正面", \\ 0, \omega = "反面". \end{cases} (\omega \in \Omega)$$

从而建立样本空间与数集的对应关系,这时样本空间可表示成 $\Omega = \{0,1\}$.类似地,在摸球试验中,如果样本空间是 $\Omega = \{红球,绿球,白球,黑球\}$,我们可用 1,2,3,4 分别表示红球,绿球,白球,黑球,则样本空间可以表示成 $\Omega = \{1,2,3,4\}$,从而事件就可用数值表示.

定义 2.1　如果对于试验的样本空间 Ω 中的每个样本点 ω,变量 X 都有一个确定的实数 $X(\omega)$ 与之对应,即变量 X 是样本点的实函数,记为 $X = X(\omega)$,我们就称变量 X 为随机变量.随机变量常用大写字母 X,Y,Z 等来表示,而用小写字母 x,y,z 等表示随机变量所取的实数值.

可见,随机变量与之前我们学过的函数很相似,但是它们是有区别的.随机变量以一定的概率去取其任一可能值,且取什么值,不可预先知道,只有在试验后才知道其确切的取值,普通函数无此特征;另外,它们的定义域不同,普通函数的定义域是实数集或实数集的子集,而随机变量的定义域是样本空间,样本空间不一定是数集.

随机变量可分为离散型随机变量、连续型随机变量和奇异型随机变量(本书不讨论).如果随机变量只取有限个或可列个值,就称这种随机变量为离散型随机变量.如果随机变量可取不可列个值,即全部取值不仅无穷多,而且不能一一列举,就称这种随机变量为连续型随机变量,如"电子产品的寿命""股票的日回报率""测量误差"等.

引入了随机变量后可用随机变量的取值表示事件.

例如:对"掷一颗均匀的骰子"这一试验,若引入

$X = $"掷出的点数",则 X 为随机变量,其可能取值为 1,2,3,4,5,6.可用

(1) $X = 3$ 表示事件"掷出的点数为 3";

(2) $X \leqslant 3$ 表示事件"掷出的点数小于等于 3";

(3)$X>3$ 表示事件"掷出的点数大于 3";

(4)"$X=1$"$\cup$"$X=3$"$\cup$"$X=5$"表示事件"掷出奇数点";

(5)$1<X\leqslant3$ 表示事件"掷出的点数大于 1 且小于等于 3".

为简便起见,我们约定用"$X\leqslant x$"可表示事件

$$\{\omega\mid X(\omega)\leqslant x,\omega\in\Omega\}.$$

针对上面这个例子,求随机事件 $X=3$、$X\leqslant3$、$X>3$、$1<X\leqslant3$ 的概率,只要给出 $P(X\leqslant x)$ (x 为实数)的表达式即可计算. 这是因为

$$P\{X=3\}=P\{X\leqslant3\}-P\{X<3\},$$
$$P\{X>3\}=1-P\{X\leqslant3\},$$
$$P\{1<X\leqslant3\}=P\{X\leqslant3\}-P\{X\leqslant1\}.$$

实际上,$P\{X\leqslant x\}$ 是 x 的函数. 因此,为了便于用数学方法揭示随机现象的统计规律,我们引入随机变量分布函数的概念.

2. 分布函数的定义及性质

定义 2.2　设 X 为随机变量,对任意实数 x,事件"$X\leqslant x$"的概率 $P\{X\leqslant x\}$ 是关于 x 的函数,称为随机变量 X 的分布函数,记为 $F(x)$,即

$$F(x)=P\{X\leqslant x\},x\in\mathbf{R}.$$

分布函数的性质:

(1)单调性:若 $x_1,x_2\in\mathbf{R},x_1<x_2$,则 $F(x_1)\leqslant F(x_2)$;

(2)有界性:$0\leqslant F(x)\leqslant1$,且 $F(-\infty)=0,F(+\infty)=1$;

(3)右连续性:$F(x)=F(x+0)$,x 为实数.

关于(1),事实上,当 $x_1,x_2\in\mathbf{R},x_1<x_2$ 时,$\{X\leqslant x_1\}\subset\{X\leqslant x_2\}$,$P\{X\leqslant x_1\}\leqslant P\{X\leqslant x_2\}$,因此,$F(x_1)\leqslant F(x_2)$.

关于(2),由于 $F(x)$ 是事件$\{X\leqslant x\}$的概率. 因此,$0\leqslant F(x)\leqslant1$. 当 $x\to-\infty$ 时,$\{X\leqslant x\}=\Phi$; 当 $x\to\infty$ 时,$\{X\leqslant x\}=\Omega$. 因此,$F(-\infty)=0$, $F(\infty)=1$.

可证明,若一个实函数具有以上这三个性质,则它可作为某个随机变量的分布函数.

【例 2.1】　掷一枚均匀的硬币一次,求掷出正面次数的分布函数.

解　记 $X=$"掷出正面的次数",则 X 为随机变量,其可能值为 $0,1$,与之对应的概率如表 2-1 所示.

表 2-1　X 的分布

X	0	1
P	0.5	0.5

依据分布函数定义 $F(x)=P\{X\leqslant x\}$,有

(1)当 $x<0$ 时,"$X\leqslant x$"$=\Phi$,有 $F(x)=P(\Phi)=0$;

(2)当 $0\leqslant x<1$ 时,"$X\leqslant x$"$=$"$X=0$",有

$$F(x)=P\{X=0\}=0.5;$$

(3)当 $x\geqslant1$ 时,"$X\leqslant x$"$=\Omega$,有

$$F(x)=P(\Omega)=1.$$

于是,所求的分布函数为

$$F(x) = \begin{cases} 0, & x < 0, \\ \dfrac{1}{2}, & 0 \leqslant x < 1, \\ 1, & x \geqslant 1. \end{cases}$$

2.2 离散型随机变量及其分布

1. 离散型随机变量及其概率分布

定义 2.3 若离散型随机变量的可能值为 x_1, x_2, k,则称

$$P\{X = x_k\} = p_k, k = 1, 2, \cdots$$

为随机变量 X 的概率分布,简称为分布列或分布律,记为 $X \sim \{p_k\}$. 而为了直观,经常将随机变量的分布律表格化为表 2-2 所示形式.

表 2-2 X 的分布

X	x_1	x_2	⋯	x_k	⋯
p_k	p_1	p_2	⋯	p_k	⋯

易见,分布列 $\{p_k\}$ 有以下基本性质:

(1)非负性:$p_k \geqslant 0, k = 1, 2, 3, \cdots$;

(2)正则性:$\displaystyle\sum_{k=1}^{+\infty} p_k = 1$.

反之,满足这两个性质的一个数列 $\{p_k\}$,一定能作为某个离散随机变量的概率分布律.

【例 2.2】 一袋子中有 5 个乒乓球,编号分别为 1,2,3,4,5,从中同时任取 3 个,以 X 表示取出的 3 个球中的最大号码.

(1)求 X 的分布律;

(2)求 X 的分布函数;

(3)利用 X 的分布律和分布函数分别求 $P\{3.3 < X < 5\}$.

解 (1)由题设可知,X 的可能值为 3,4,5. 而由古典方法,得

$$P\{X = 3\} = \frac{C_3^3}{C_5^3} = \frac{1}{10}, \ P\{X = 4\} = \frac{C_1^1 C_3^2}{C_5^3} = \frac{3}{10}, \ P\{X = 5\} = \frac{C_1^1 C_4^2}{C_5^3} = \frac{6}{10}.$$

所以 X 的分布律如表 2-3 所示.

表 2-3 X 的分布

X	3	4	5
p_k	0.1	0.3	0.6

(2)利用以上所得的 X 的分布律,依据

$$F(x) = P\{X \leqslant x\} = \sum_{x_k \leqslant x} p_k,$$

可得 X 的分布函数为

$$F(x) = \begin{cases} 0, & x < 3, \\ 0.1, & 3 \leqslant x < 4, \\ 0.4, & 4 \leqslant x < 5, \\ 1, & x \geqslant 5. \end{cases}$$

（3）利用（1）所得的分布律，得

$$P\{3.3 < X < 5\} = \sum_{3.3 < x_k < 5} p_k = P\{X = 4\} = 0.3;$$

而利用（2）所得的分布函数 $F(x)$，得

$$P\{3.3 < X < 5\} = F(5-0) - F(3.3) = 0.4 - 0.1 = 0.3.$$

注：已知随机变量 X 的分布律，求分布函数可用公式

$$F(x) = \sum_{x_k \leqslant x} p_k.$$

即把满足条件 $x_k \leqslant x$ 的对应 p_k 作累加.

若已知分布函数 $F(x)$ 求分布律的公式，则

$$p_k = P\{X = x_k\} = F(x_k) - F(x_k - 0),$$

其中，$x_k(k = 1, 2, \cdots)$ 为离散型随机变量的可能值.

2. 常用离散型分布

（1）二点分布.

若随机变量 X 只取 x_1, x_2 这两个值，且其分布律为

$$P\{X = x_1\} = 1 - p, \quad P(X = x_2) = p.$$

其中，$0 < p < 1$，则称 X 服从参数为 p 的二点分布.

特别地，当 $x_1 = 0, x_2 = 1$ 时的二点分布特别称为（0—1）分布，记为 $X \sim (0-1)$，如表 2-4 所示.

表 2-4　（0—1）分布

X	0	1
p_k	$1-p$	p

（2）二项分布.

n 重伯努利试验定义：n 重独立重复试验中，每次试验的可能结果为两个，A 和 $\bar{A}$，称这种试验为 n 重伯努利试验.

记 X＝"n 次重复独立试验中事件 A 发生（即'成功'）的次数"，则 X 为离散型随机变量，其可能值为 $0, 1, 2, \cdots, n$. 且由事件的独立性可得

$$P\{X = k\} = C_n^k p^k (1-p)^{n-k}, k = 0, 1, 2, \cdots, n.$$

其中，$p = P(A)$，满足 $0 < p < 1$.

若随机变量 X 的分布律为

$$P\{X = k\} = C_n^k p^k (1-p)^{n-k}, k = 0, 1, 2, \cdots, n.$$

则称 X 服从参数为 n, p 的二项分布（因其形式而得名），记为 $X \sim b(n, p)$.

易见，（0—1）分布实际上是 $n = 1$ 的二项分布. 因此，（0—1）分布的分布律用概率等式可表示为

$$P\{X = k\} = p^k (1-p)^{1-k}, k = 0, 1 \ (0 < p < 1).$$

【例 2.3】 某高校为提高校队乒乓球队员的水平，邀请了退伍的国家乒乓球队员与校队员进行友谊赛，比赛赛制由你选择，供选择的有"一局定胜负"和"三局二胜制"，那么你应该选择的是"一局定胜负"还是"三局二胜制"？

解 一般来说，国家队员水平高于高校队员的水平，假设每局校队员取胜的概率为 $p = 0.1$.

设在"一局定胜负"赛制下,你最终胜出的概率记为 p_1,则
$$p_1 = p = 0.1.$$

设在"三局二胜制"赛制下,校队获胜的局数为 X,则 $X \sim b(3, 0.1)$,且
$$p_2 = P\{X \geqslant 2\} = \sum_{k=2}^{3} C_3^k 0.1^k \cdot (1-0.1)^{3-k} = 0.028.$$

可见,$p_1 > p_2$,所以,你选择"一局定胜负"赛制对获胜更为有利.

注:以弱胜强的赛制策略是,比赛局数越少越好.

【例 2.4】 某一批产品的合格品率为 98%,现随机从这批产品中抽样 20 次,每次抽一个产品,试求取检的 20 个产品中恰好有 9 个为合格品的概率.

解 对一大批产品而言,不放回抽检 20 个产品,可看成 20 重伯努利试验,记
$$X = \text{"抽检 20 个产品中合格品的个数"},$$
则有 $X \sim b(20, 0.98)$. 于是,得所求概率为
$$P\{X=9\} = C_{20}^9 0.98^9 (1-0.98)^{20-9} = ?$$

上面的计算不容易. 如果把 $n=20$ 改为 200,则下面的概率计算,即
$$P\{X=196\} = C_{200}^{196} 0.98^{196} (1-0.98)^{200-196} = ?$$
计算量更大,此时应该寻找近似计算的方法来解决.

(3)泊松分布.

若随机变量 X 的分布律为
$$P\{X=k\} = \frac{\lambda^k}{k!} e^{-\lambda}, k = 0, 1, 2, \cdots.$$

其中,$\lambda > 0$,则称 X 服从参数为 λ 的泊松分布,记为 $X \sim P(\lambda)$.

显然,泊松分布的分布律,满足非负性和正则性:
$$P\{X=k\} = \frac{\lambda^k}{k!} e^{-\lambda} > 0, k = 0, 1, 2, \cdots;$$

$$\sum_{k=0}^{+\infty} P\{X=k\} = \sum_{k=0}^{+\infty} \frac{\lambda^k}{k!} e^{-\lambda} = e^{-\lambda} \sum_{k=0}^{+\infty} \frac{\lambda^k}{k!} = e^{-\lambda} \cdot e^{\lambda} = 1.$$

泊松分布的实际例子很多,如

(1)一个时间周期内商店商品的销售数服从泊松分布.

(2)一个时间周期内某地区发生交通事故的次数服从泊松分布.

(3)一个时间周期内来到某一公共服务系统要求的顾客数服从泊松分布.

(4)一块平板玻璃上的气泡数服从泊松分布.

(5)一条新裤子上的缺陷数服从泊松分布.

【例 2.5】 某超市过去的销售记录显示,一种价值较高的商品每月的销售数可认为服从参数为 $\lambda = 4$ 的泊松分布. 为了以 0.9 以上的概率保证不脱销,问:该超市在月底至少应该进货这种商品多少件?

解 设该超市每月销售该种商品数为 X,又设月底该种商品进货数为 c 时,满足要求
$$P\{X \leqslant c\} > 0.9.$$
由已知 $X \sim P(4)$,上式即为
$$\sum_{k=0}^{c} \frac{4^k}{k!} e^{-4} > 0.9.$$

查泊松分布表,得

$$\sum_{k=0}^{7} \frac{4^k}{k!} e^{-4} = 0.949 > 0.9.$$

故该超市在月底需要进货该种商品至少 7 件.

定理 2.1(泊松定理)　若随机变量 $X \sim b(n,p)$,则当 n 充分大,且 p(或 $1-p$)足够小时,有

$$P\{X=k\} = C_n^k p^k (1-p)^{n-k} \approx \frac{\lambda^k}{k!} e^{-\lambda},$$

或

$$P\{X=k\} = C_n^{n-k} (1-p)^{n-k} p^k \approx \frac{\lambda^{n-k}}{(n-k)!} e^{-\lambda},$$

其中,$\lambda = np$(或 $\lambda = n(1-p)$).

证明　略.

回来解决【例 2.3】的遗留问题:利用泊松定理,且最后一步通过查泊松分布表得到.

$$P\{X=9\} = C_{20}^9 0.98^9 (1-0.98)^{20-9} = C_{20}^{11} 0.02^{11} (1-0.02)^{20-11}$$

$$\approx \frac{0.4^{11}}{11!} e^{-0.4} \approx 0.$$

$$P\{X=196\} = C_{200}^{196} 0.98^{196} (1-0.98)^{200-196}$$

$$= C_{200}^4 0.02^4 (1-0.02)^{200-4}$$

$$\approx \frac{4^4}{4!} e^{-4}.$$

注:通常在概率论与数理统计教材的后面附有各种分布表,但由于我们习惯于用计算机计算而不用笔算了,因此本教材不给出任何分布函数表,而给出用 R 软件的计算方法.

对于本例,若用 R 软件直接计算二项分布,则

P{X = 9} = dbinom(9,20,0.98) = 2.867943e − 14

若计算泊松近似,则

P{X = 9} = dbinom(9,20,0.98)

= P{X = 11} = dbinom(11,20,0.02)

≈dpois(11,0.4) = 7.043466e − 13

【例 2.6】　假定美国 NBA 球星库里一个赛季中,罚球的机会有 500 次,设每次命中的概率为 0.97,试求球星库里在一个赛季中至少 20 次没罚中的概率.

解　库里一个赛季中罚球 500 次相当 500 重伯努利试验,记

$$X = \text{“库里一个赛季中罚球 500 次没罚中的次数”},$$

则 $X \sim b(500, 0.03)$. 由于 $n = 500$ 充分大,且 $p = 0.03$ 足够小,于是,由泊松定理近似有 $X \sim P(\lambda)$,其中

$$\lambda = np = 500 \times 0.03 = 15,$$

所求概率为

$$P\{X \geqslant 20\} \approx \sum_{k=20}^{+\infty} \frac{15^k}{k!} e^{-15}.$$

用 R 软件计算

$$P\{X \geqslant 20\} = 1 - P\{X < 20\} = 1 - \text{ppois}(19,15) = 0.124\,781\,2.$$

【例 2.7】　有资料显示:安全意识不强的一个大学生在经历一个较长时间周期的假期后

可能因各类事故致伤残、致死亡,从而导致不能继续求学的概率为 0.000 9,观察 3 000 名安全意识不强的大学生,在经历一个暑假后,试求其中至少有 1 名学生不能继续求学的概率.

解　观察安全意识不强的大学生经历一个暑假后的安全后果相当 3 000 重伯努利试验,记

$$X = \text{“所观察的 3 000 名大学生在经历一个暑假后不能继续求学的人数”}.$$

则 $X \sim b(3\,000, 0.000\,9)$. 由于 $n = 3\,000$ 充分大,且 $p = 0.000\,9$ 足够小,于是,利用泊松定理近似有 $X \sim P(\lambda)$,其中

$$\lambda = np = 3\,000 \times 0.000\,9 = 2.7,$$

所求概率为

$$P\{X \geqslant 1\} = 1 - P\{X = 0\} \approx 1 - \frac{2.7^0}{0!} e^{-2.7}.$$

用 R 软件计算

$$P\{X \geqslant 1\} = 1 - P\{X = 0\} = 1 - \text{ppois}(0, 2.7) = 0.932\,794\,5.$$

从本例可知,“概率很小的事件在一次试验中几乎是不发生的;但是概率很小的事件在大量的试验中至少发生一次是概率非常接近 1 的大概率事件”.

注:二项分布概率计算与泊松分布近似计算的近似程度对比,如表 2-5 所示.

表 2-5　二项分布概率计算与泊松分布近似计算的近似程度对比

k	利用二项分布直接计算			用泊松分布近似计算
	$n=10$ $p=0.1$	$n=100$ $p=0.01$	$n=1\,000$ $p=0.001$	$\lambda=np=1$
0	0.348 7	0.366 0	0.367 7	0.367 9
1	0.387 4	0.369 7	0.368 1	0.367 9
2	0.193 7	0.184 9	0.184 0	0.183 9
3	0.050 7	0.061 0	0.061 3	0.061 3
...	...	...	...	...

2.3　连续型随机变量及其分布

由于连续型随机变量的可能取值连续地充满某个区间,甚至整个数轴,因此连续型随机变量与离散型随机变量不一样,没有分布律,对给出随机变量在某点处的意义不大. 为研究方便,我们引入概率密度函数.

【例 2.8】　向区间 $[0, a]$ 随机投掷一点,记落点坐标为 X,且由概率的几何定义易得 $P\{0 \leqslant X \leqslant x\} = kx$($k$ 为待定的正比例系数,且 $x > 0$),求 X 的分布函数.

解　记 X 的分布函数为 $F(x)$. 由 $F(x) = P\{X \leqslant x\}$,得

(1)当 $x < 0$ 时,“$X \leqslant x$”$= \Phi$,此时

$$F(x) = P\{X \leqslant x\} = P(\Phi) = 0;$$

(2)当 $0 \leqslant x \leqslant a$ 时,

$$F(x) = P\{X \leqslant x\} = P\{0 \leqslant X \leqslant x\} = kx,$$

其中,k 为正比例系数,由

$$1 = F(a) = ka,$$

得 $k = \dfrac{1}{a}$,此时

$$F(x) = \frac{1}{a}x;$$

(3)当 $x > a$ 时,"$X \leqslant x$"$= \Omega$,此时

$$F(x) = P\{X \leqslant x\} = 1.$$

综合得 X 的分布函数为

$$F(x) = \begin{cases} 0, & x < 0, \\ \dfrac{1}{a}x, & 0 \leqslant x \leqslant a, \\ 1, & x > a. \end{cases}$$

此外,容易找到非负可积函数

$$f(x) = \begin{cases} \dfrac{1}{a}, & 0 \leqslant x \leqslant a; \\ 0, & 其他. \end{cases}$$

使得

$$F(x) = \int_{-\infty}^{x} f(t)\,\mathrm{d}t.$$

在概率论中,通常称本例题中的这种随机变量为连续型随机变量且有以下数学定义.

定义 2.4　设随机变量 X 的分布函数为 $F(x)$,若存在实数域上的非负可积函数 $f(x)$,使得对任意实数 x,有

$$F(x) = \int_{-\infty}^{x} f(t)\,\mathrm{d}t,$$

则称 X 为连续型随机变量,而称 $f(x)$ 为随机变量的概率密度函数,简称概率密度或密度函数.

由分布函数定义和性质知,分布函数 $F(x)$ 满足:

(1)$F(-\infty) = 0$,$F(+\infty) = 1$;

(2)$F(x)$ 的图形是位于 $y = 0$ 与 $y = 1$ 之间的单调不减连续(但不一定是光滑的)曲线.

连续型随机变量 X 的密度函数 $f(x)$ 具有以下性质:

(1)非负性:$f(x) \geqslant 0$;

(2)正则性:$\displaystyle\int_{-\infty}^{+\infty} f(x)\,\mathrm{d}x = 1$.

由积分的几何意义知,正则性表明曲线 $y = f(x)$ 与 $y = 0$(即 x 轴)所围的面积为 1.

(3)$P\{x_1 < X \leqslant x_2\} = \displaystyle\int_{x_1}^{x_2} f(x)\,\mathrm{d}x = F_X(x_2) - F_X(x_1)\,(x_1 < x_2).$

(4)$F(x)$ 在可导点 x 处,有 $f(x) = F'(x)$.

以上四个性质均可以利用定义 2.4 直接证明.

一个重要结论:对连续型随机变量 X,及任意实数 a,均有

$$P\{X = a\} = 0.$$

证明 设连续型随机变量 X 的密度函数为 $f(x)$,则由于

$$"X = a" \subset "a - \Delta x < X \leqslant a", (\Delta x > 0)$$

利用概率的单调性、非负性,得

$$0 \leqslant P\{X = a\} \leqslant P\{a - \Delta x < X \leqslant a\} = \int_{a-\Delta x}^{a} f(x)dx,$$

令 $\Delta x \rightarrow 0$,则

$$P\{X = a\} = 0.$$

这表明 $\{X = a\}$ 是零概率事件,但不是不可能事件.

根据这一结论易得:对任意的实数 a, b,且 $a < b$,有概率等式

$$P\{a \leqslant X \leqslant b\} = P\{a < X \leqslant b\} = P\{a \leqslant X < b\} = P\{a < X < b\}$$

对连续型随机变量 x 成立,但对离散型随机变量 X 不成立.

【例 2.9】 设连续型随机变量 X 的分布函数为

$$F(x) = \begin{cases} 0, & x < 0, \\ Ax^2, & 0 \leqslant x < 1, \\ 1, & x \geqslant 1. \end{cases}$$

试求:(1)系数 A;(2) 随机变量 X 的密度函数;(3)$P\{0.3 < X < 0.7\}$.

解 (1)由于连续型随机变量的分布函数在实数域上连续,因此

$$1 = F(1) = \lim_{x \rightarrow 1^-} Ax^2 = A.$$

(2)由在 $F(x)$ 的可导点处有 $f(x) = F'(x)$,得

①当 $x < 0$ 或 $x > 1$ 时,$f(x) = F'(x) = 0$;

②当 $0 < x < 1$ 时,$f(x) = F'(x) = (x^2)' = 2x$;

③当 $x = 0$ 与 $x = 1$ 时,$F(x)$ 不可导,不妨取

$$f(0) = f(1) = 0,$$

得 X 的密度函数为

$$f(x) = \begin{cases} 2x, & 0 < x < 1, \\ 0, & x \leqslant 0, \text{或} x \geqslant 1. \end{cases}$$

(3) 由 X 的分布函数,得

$$P\{0.3 < X < 0.7\} = P\{0.3 < X \leqslant 0.7\} = F(0.7) - F(0.3) = 0.7^2 - 0.3^2 = 0.4,$$

或由 X 的密度函数,得

$$P\{0.3 < X < 0.7\} = \int_{0.3}^{0.7} 2x dx = 0.4.$$

常用连续型分布:

(1)均匀分布.

若连续型随机变量 X 的密度函数为

$$f(x) = \begin{cases} \dfrac{1}{b-a}, & a < x < b, \\ 0, & \text{其他.} \end{cases}$$

则称随机变量 X 在 (a, b) 内服从均匀分布,记为 $X \sim U(a, b)$. 易见 $f(x)$ 满足非负性和正则性.

$$P\{X\leqslant a\}=0,\ P\{X\geqslant b\}=0,$$
$$P\{a<X<b\}=1-P\{X\geqslant b\}-P\{X\leqslant a\}=1,$$

当 $a\leqslant c<X<d\leqslant b$ 时，则

$$P\{c<X<d\}=\int_c^d\frac{1}{b-a}\mathrm{d}x=\frac{d-c}{b-a}.$$

这表明，若 $X\sim U(a,b)$，则 X 在 $[a,b]$ 某一小区间取值的概率与这一小区间的长度成正比.

由分布函数定义 $F(x)=\int_{-\infty}^x f(t)\mathrm{d}t$，可求得 $X\sim U(a,b)$ 的分布函数为

$$F(x)=\begin{cases}0, & x<a,\\[2mm]\dfrac{x-a}{b-a}, & a\leqslant x<b,\\[2mm]1, & x\geqslant b.\end{cases}$$

均匀分布的例子很多，如：

(1)数值计算，由四舍五入处理小数点后，第 1 位小数所引起的误差数 X 服从 $(-0.5,0.5)$ 内的均匀分布.

(2)到一个每 15 min 开 1 班车的公共汽车站乘车，乘客的候车时间 X（单位：min）服从 $(0,15)$ 内的均匀分布.

(3)随机向区间 (a,b) 内投掷一点，则落点坐标 X 服从 (a,b) 内的均匀分布.

均匀分布的实际例子不少，均匀分布是概率论中常用的连续型分布.

【例 2.10】　某种原材料在本市的月需求量 $X(t)$ 服从 $(300,600)$ 内的均匀分布，如果本市该种原材料独家供应商在月底为下个月准备了 500，试求该市这种原材料在下个月供不应求的概率.

解　由题设可知，$X\sim U(300,600)$，得 X 的密度函数为

$$f(x)=\begin{cases}\dfrac{1}{300}, & 300<x<600,\\[2mm]0, & x\leqslant300,\text{或 }x\geqslant600.\end{cases}$$

于是，该市这种原材料在下个月供不应求的概率为

$$P\{X>500\}=\int_{500}^{+\infty}f(x)\mathrm{d}x=\int_{500}^{600}\frac{1}{300}\mathrm{d}x=\frac{1}{3}.$$

(2)指数分布.

若连续型随机变量 X 的密度函数为

$$f(x)=\begin{cases}\lambda\mathrm{e}^{-\lambda x}, & x>0,\\0, & x\leqslant0.\end{cases}$$

其中，$\lambda>0$ 为常数，则称随机变量 X 服从参数为 λ 的指数分布，记为 $X\sim E(\lambda)$. 易见 $f(x)$ 满足非负性和正则性.

易得 $X\sim E(\lambda)$ 的分布函数为

$$F(x)=\int_{-\infty}^x f(t)\mathrm{d}t=\begin{cases}1-\mathrm{e}^{-\lambda x}, & x>0,\\0, & x\leqslant0.\end{cases}$$

指数分布的一个重要性质：无记忆性.

即对于任意的实数 $s,t>0$,有

$$P\{X>s+t\,|\,X>s\}=P\{X>t\}.$$

(3)正态分布.

若连续型随机变量 X 的密度函数为

$$f(x)=\frac{1}{\sqrt{2\pi}\,\sigma}\mathrm{e}^{-\frac{(x-\mu)^2}{2\sigma^2}},\ x\in(-\infty,+\infty),$$

其中,$\mu,\sigma(-\infty<\mu<+\infty,\sigma>0)$为常数,则称 X 服从参数为 μ,σ 的正态分布,也称为高斯分布,记为 $X\sim N(\mu,\sigma^2)$.可证明正态分布的密度函数 $f(x)$ 满足非负性和正则性.

由 $F(x)=\displaystyle\int_{-\infty}^{x}f(t)\mathrm{d}t$,易得 $X\sim N(\mu,\sigma^2)$分布函数为

$$F(x)=\int_{-\infty}^{x}\frac{1}{\sqrt{2\pi}\,\sigma}\mathrm{e}^{-\frac{(t-\mu)^2}{2\sigma^2}}\mathrm{d}t.$$

正态分布函数 $F(x)$ 的图形为 $y=0$ 与 $y=1$ 之间的"S形"连续曲线.

自然界中的实际问题有许多随机变量服从或近似服从正态分布,例如,某大学男生的身高 X、体重 Y 服从正态分布,某地区学生高考成绩,某市城镇居民的月收入、支出等.

设 $X\sim N(\mu,\sigma^2)$,其密度函数为 $f(x)$,称 $y=f(x)$ 的图像为正态曲线,如图 2-1 所示.

正态曲线具有以下性质:

(1)正态曲线 $y=f(x)$关于 $x=\mu$ 对称;

(2)正态曲线 $y=f(x)$在 $x=\mu$ 处取得最大值为 $\dfrac{1}{\sqrt{2\pi}\,\sigma}$;

(3)参数 μ(称为位置参数)控制 $y=f(x)$的位置,而 σ(称为尺度参数)控制着 $y=f(x)$的"高矮胖瘦",如图 2-2 所示.

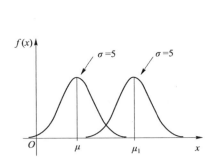

图 2-1　同方差不同均值的正态分布

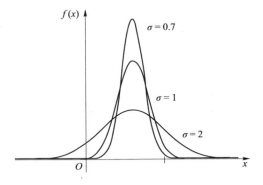

图 2-2　同均值不同方差的正态分布

称 $\mu=0,\sigma=1$ 的正态分布为标准正态分布,记为 $X\sim N(0,1)$,对应的密度函数和分布函数分别记为 $\varphi(x)$ 和 $\Phi(x)$,即

$$\varphi(x)=\frac{1}{\sqrt{2\pi}}\mathrm{e}^{-\frac{x^2}{2}},\ x\in(-\infty,+\infty).$$

$$\Phi(x)=\int_{-\infty}^{x}\frac{1}{\sqrt{2\pi}}\mathrm{e}^{-\frac{t^2}{2}}\mathrm{d}t.$$

且 $f(x)=\varphi(x)$和 $F(x)=\Phi(x)$的图形如图 2-3 所示.

$$f(x) = \varphi(x).$$

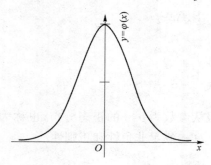
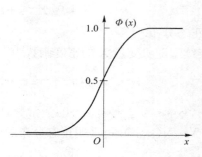

图 2-3　标准正态分布密度函数、分布函数

注：(1)由于 $y = \varphi(x)$ 关于 y 轴的对称性，因此

$$\Phi(-x) = 1 - \Phi(x).$$

(2)若 $X \sim N(\mu, \sigma^2)$，则 $\dfrac{X-\mu}{\sigma} \sim N(0,1)$.

证明　设

$$Y = \frac{X-\mu}{\sigma}.$$

随机变量 X, Y 的分布函数分别为 $F_X(x)$，$F_Y(y)$，密度函数分别为 $p_X(x)$，$p_Y(y)$.

$$F_Y(y) = P\{Y \leqslant y\} = P\left\{\frac{X-\mu}{\sigma} \leqslant y\right\} = P\{X \leqslant \mu + \sigma y\} = F_X(\mu + \sigma y),$$

于是，有

$$\begin{aligned}
p_Y(y) &= \frac{\mathrm{d}F_Y(y)}{\mathrm{d}y} \\
&= \frac{\mathrm{d}F_X(\mu + \sigma y)}{\mathrm{d}y} \\
&= p_X(\mu + \sigma y) \cdot \sigma \\
&= \frac{1}{\sqrt{2\pi}\sigma} \mathrm{e}^{-\frac{(\mu + \sigma y - \mu)^2}{2\sigma^2}} \cdot \sigma \\
&= \frac{1}{\sqrt{2\pi}} \mathrm{e}^{\frac{y^2}{2}},
\end{aligned}$$

其中，$-\infty < y < +\infty$，这表明 $Y = \dfrac{X-\mu}{\sigma} \sim N(0,1)$，证毕.

对于任意实数 $x_1, x_2, x_1 < x_2$，有

$$\begin{aligned}
P\{x_1 < X \leqslant x_2\} &= P\{X \leqslant x_2\} - P\{X \leqslant x_1\} \\
&= P\left\{\frac{X-\mu}{\sigma} \leqslant \frac{x_2 - \mu}{\sigma}\right\} - P\left\{\frac{X-\mu}{\sigma} \leqslant \frac{x_1 - \mu}{\sigma}\right\} \\
&= \Phi\left(\frac{x_2 - \mu}{\sigma}\right) - \Phi\left(\frac{x_1 - \mu}{\sigma}\right).
\end{aligned}$$

【例 2.11】　概率论中所说的"3σ"原则，即正态分布的"3σ"原则，是指：若 $X \sim N(\mu, \sigma^2)$，则

X 的可能取值落入"3σ"区间 $(\mu-3\sigma,\mu+3\mu)$ 的概率为 0.997 4. 计算验证如下.

$$P\{X\in(\mu-3\sigma,\mu+3\sigma)\}=2\Phi(3)-1=2*\text{pnorm}(3,0,1)-1$$
$$=2\times0.998\ 7-1=0.997\ 4.$$

【例 2.12】 测量本地点到某一目标的距离时发生的随机误差 X（单位:m）具有密度函数

$$f(x)=\frac{1}{40\sqrt{2\pi}}e^{-\frac{(x-20)^2}{3\ 200}},$$

试求在 3 次测量中至少有一次误差的绝对值不超过 30 m 的概率.

解 由已知,有 $X\sim N(20,40^2)$,而每次测量误差的绝对值不超过 30 m 的概率为

$$P\{|X|\leqslant30\}=P\{-30\leqslant X\leqslant30\}$$
$$=\Phi\left(\frac{30-20}{40}\right)-\Phi\left(\frac{-30-20}{40}\right)$$
$$=\Phi(0.25)-\Phi(-1.25)$$
$$=\text{pnorm}(0.25)-\text{pnorm}(-1.25)$$
$$=0.493\ 1.$$

又记 3 次测量中误差的绝对值不超过 30 m 的次数为 Y,则 $Y\sim b(3,0.493\ 1)$,故所求概率为

$$P\{Y\geqslant1\}=1-P\{Y=0\}=1-(0.493\ 1)^3=0.869\ 8.$$

2.4 随机变量函数的分布

相关随机变量之间的关系通常用一函数来表达. 比如,在经济领域,销售指标是一个随机变量,而收益是关于销售的函数. 如果知道了销售分布,能否计算收益的分布? 这就是随机变量函数的分布问题.

1. 随机变量函数的定义

设 X 为随机变量,$Y=g(x)$ 为普通函数,称 $Y=g(X)$ 为随机变量 Y 关于 X 的函数. 易见,一般地,若 X 为离散型随机变量,则 $Y=g(X)$ 也为离散型随机变量;若 X 为连续型随机变量,则 $Y=g(X)$ 可能为离散型也可能为连续型随机变量.

2. 求离散型随机变量函数分布

【例 2.13】 已知随机变量 X 的分布律如表 2-6 所示.

表 2-6 X 的分布

X	-1	0	1	1.5	3
P	0.2	0.1	0.3	0.3	0.1

求 $Y=X^2$ 的分布律.

解 由 $Y=X^2$ 及 X 的可能值易知,Y 的可能值为 $0,1,2.25,9$,且

$$P\{Y=0\}=P\{X=0\}=0.1,$$
$$P\{Y=1\}=P\{``X=-1"\bigcup``X=1"\}$$
$$\qquad\quad =P\{X=-1\}+P\{X=1\}=0.2+0.3=0.5,$$
$$P\{Y=2.25\}=P\{X=1.5\}=0.3,$$
$$P\{Y=9\}=P\{X=3\}=0.1.$$

于是,得 Y 的分布律,如表 2-7 所示.

表 2-7　Y 的分布

$Y=X^2$	0	1	2.25	9
P	0.1	0.5	0.3	0.1

3. 连续型随机变量函数分布

设连续型随机变量 X 的密度函数为 $p_X(x)$,且 $Y=g(X)$ 对应的 $y=g(x)$ 严格单调(即 $g'(x)>0$(或 $g'(x)<0$)时,$Y=g(X)$ 的密度函数 $f_Y(y)$ 由以下定理给出.

定理 2.2　设 X 为连续型随机变量,其密度函数为 $f_X(x)$,且 X 的随机变量函数 $Y=g(X)$ 对应的 $y=g(x)$ 严格单调(即 $g'(x)>0$,或 $g'(x)<0$)),且其反函数 $h(y)$ 有连续导数,则连续型随机变量 $Y=g(X)$ 的密度函数为

$$f_Y(y)=\begin{cases} f_X[h(y)]|h'(y)|, & \alpha<y<\beta, \\ 0, & \text{其他.} \end{cases}$$

其中,$\alpha=\min\{g(x):x\in D,D$ 为使 $f_X(x)$ 非 0 之集与 y 的定义域的交集$\}$,
$\qquad\beta=\max\{g(x):x\in D,D$ 为使 $f_X(x)$ 非 0 之集与 y 的定义域的交集$\}$.

证明　当 $y=g(x)$ 为严格单调减少函数(即 $g'(x)<0$)时,由题设
$\qquad\alpha=\min\{g(x):x\in D,D$ 为使 $f_X(x)$ 非 0 之集与 y 的定义域的交集$\}$,
$\qquad\beta=\max\{g(x):x\in D,D$ 为使 $f_X(x)$ 非 0 之集与 y 的定义域的交集$\}$,
则必有 $Y=g(X)$ 的取值 $y\in[\alpha,\beta]$. 所以
(1)当 $y<\alpha$ 时,$F_Y(y)=P\{Y\leqslant y\}=0$;
(2)当 $y>\beta$ 时,$F_Y(y)=P\{Y\leqslant y\}=1$;
(3)当 $\alpha\leqslant y\leqslant\beta$ 时,

$$\begin{aligned} F_Y(y) &= P\{Y\leqslant y\} \\ &= P\{X\geqslant h(y)\} \\ &= 1-P\{X<h(y)\} \\ &= 1-\int_{-\infty}^{h(y)}p_X(x)\mathrm{d}x, \end{aligned}$$

从而由题设及 $F_Y(y)$ 的可导性,得

$$f_Y(y)=\begin{cases} f_X[h(y)]|h'(y)|, & \alpha<y<\beta, \\ 0, & \text{其他.} \end{cases}$$

当 $y=g(x)$ 为严格单调增加函数(即 $g'(x)>0$)时,同理可证明. 综合以上两种情形即可证得

$$f_Y(y)=\begin{cases} f_X[h(y)]|h'(y)|, \alpha<y<\beta, \\ 0, \text{其他.} \end{cases}$$

应用举例:验明满足条件,代公式求得.

【例 2.14】　设 $X \sim U(0,1)$,求 $Y = e^X$ 的密度函数

解　由已知,得

$$f_X(x) = \begin{cases} 1, & 0 < x < 1, \\ 0, & \text{其他}. \end{cases}$$

又 $y = g(x) = e^x$ 在其定义域内严格单增,且其反函数的导数为 $h'(y) = \dfrac{1}{y}$ 在定义域内连续,而这里对应定理 2.2 中的

$$\alpha = \min\{g(x) = e^x : x \in D, D = (0,1) \cap (-\infty, +\infty) = (0,1)\} = 1,$$
$$\beta = \max\{g(x) = e^x : x \in D, D = (0,1) \cap (-\infty, +\infty) = (0,1)\} = e,$$

于是,得 $Y = e^X$ 的密度函数为

$$f_Y(y) = \begin{cases} f_X(\ln y) \left| \dfrac{1}{y} \right|, & 1 < y < e, \\ 0, & \text{其他}. \end{cases}$$

即

$$f_Y(y) = \begin{cases} \dfrac{1}{y}, & 1 < y < e, \\ 0, & \text{其他}. \end{cases}$$

习题 2

1. 一袋中有 5 个球,编号为 1,2,3,4,5,从中任取三个,以 X 表示取出的 3 个球中的最大奇数号码.

(1)试求 X 的分布律;

(2)写出 X 的分布函数,并作图.

2. 设随机变量 X 的分布律为

$$P\{X = k\} = \frac{a}{n}, k = 1, 2, \cdots, n.$$

求常数 a.

3. 有一批新产品共 9 件,其中 6 件一等品,其余为二等品. 从中任取 7 件.

(1)求所取 7 件产品中的二等品件数的概率分布律;

(2)求所取 7 件产品中的二等品件数的分布函数并画图;

(3)利用(1)和(2)所得结论求二等品数小于 3 的概率.

4. 设 5 重伯努利试验中成功的次数 X 满足 $P\{X = 1\} = P\{X = 2\}$,求 $P\{X = 3\}$.

5. 设 $X \sim b(2, p)$,$Y \sim b(4, p)$,且 $P\{X \geqslant 1\} = 5/9$,求 $P\{Y \geqslant 1\}$.

6. 某印刷厂印刷了某种教科书 3 000 册,装订时出错概率为 0.001,求装订出错总册数不超 10 册的概率.

7. 设随机变量 X 的分布函数为

$$F(x) = \begin{cases} 0, & x < 0, \\ bx^2, & 0 \leqslant x < 2, \\ 1, & x \geqslant 2. \end{cases}$$

试求：(1)系数 b；(2)X 的密度函数；(3)X 落在区间$(0.3,0.6)$的概率.

8. 学生完成一道作业的时间 X 是一个随机变量，单位：h. X 的密度函数为

$$p(x)=\begin{cases}cx^2+x, & 0\leqslant x\leqslant 0.5,\\ 0, & 其他.\end{cases}$$

(1)确定常数 C；

(2)求 X 的分布函数；

(3)求 15 min 以上完成一道作业的概率.

9. 设随机变量 X 的密度函数为

$$f(x)=ce^{-|x|},\quad -\infty<x<+\infty,$$

(1)求 c；(2)求 X 的分布函数 $F(x)$；(3)分别利用 $F(x)$ 和 $f(x)$ 求概率 $P\{0<X<1\}$.

10. 已知 $X\sim N(5,\sigma^2)$，且 $P\{2<X<5\}=0.2$，求 $P\{X>8\}$.

11. 经统计推断分析可知，某高校男生的身高指标 X（单位：m）服从正态分布 $N(1.7,0.035^2)$. 现对该校男生随机测量 3 位的身高，至少有一位身高超过 1.77 m 的概率是多少？

12. 一位保险精算师为某一社区设计了一项人寿险项目，估计该社区会有 10 000 名同一年龄和同社会阶层的人参加，在一年中每个投保人意外死亡的概率为 0.001，每个参加保险的人在 1 月 1 日需交纳 200 元保险费，而在这一年中若投保人意外死亡，则受益人可从保险公司获得 10 万元的赔偿金. 求：

(1)保险公司对该险种项目获利的概率；

(2)保险公司在该险种项目至少获利 10 万元的概率.

13. 设 $P\{X=k\}=\left(\dfrac{1}{2}\right)^k,k=1,2,\cdots,$ 令

$$Y=\begin{cases}1, & 当 X 取偶数时,\\ -1, & 当 X 取奇数时.\end{cases}$$

(1)求 X 的分布函数；(2)求 Y 的分布律.

14. 设 $X\sim U(-2,6)$，令

$$Y=\begin{cases}1, & X>0,\\ -1, & X\leqslant 0.\end{cases}$$

(1)求 X 的分布函数；(2)求 Y 的分布律.

15. 设 $X\sim U(0,5)$，求 $Y=e^X$ 的密度函数.

16. (1989 考研题)设 $X\sim U(0,5)$，求方程 $y^2+Xy+1=0$ 有实根的概率.

17. (1995 考研题)设随机变量 X 的密度函数为

$$f_X(x)=\begin{cases}e^{-x}, & x\geqslant 0,\\ 0, & x<0.\end{cases}$$

求随机变量 $Y=e^X$ 的密度函数.

18. (2006 考研题)设 $X\sim N(\mu_1,\sigma_1^2)$，$Y\sim N(\mu_2,\sigma_2^2)$，且

$$P\{|X-\mu_1|<1\}>P\{|Y-\mu_2|<1\},$$

试比较 σ_1 与 σ_2 的大小.

客观题 2

一、填空题

1. 设 X 表示 n 重贝努力试验中事件 A 发生的次数，则 X 服从_____分布.

2. 设每次试验中,事件 A 发生的概率为 p,在 3 次重复独立试验中,事件 A 至少出现一次的概率为_____.

3. 某射手每次射击击中目标的概率为 0.28,今连续射击 10 次,其最可能击中的次数是_____.

4. 设每次试验中,事件 A 发生的概率为 p,在 3 次重复独立试验中,事件 A 至少出现一次的概率为_____.

5. 在 3 重伯努利试验中成功次数 X 满足 $P\{X=1\}=P\{X=2\}$,则 $P\{X=3\}$ 是_____.

6. 某人玩"单、双"数字游戏,此人猜 5 次至少对 1 次的概率是_____.

7. 随机变量 X 服从均匀分布 $U(1,3)$,则 $P\{0<X<2\}=$_____.

8. 设随机变量 X 服从正态分布 $N(\mu,\sigma^2)$,$P\{X<3\}=0.5$. 则 $\mu=$_____.

9. 设连续型随机变量 X 的概率密度函数为 $f(x)=\begin{cases}2ax, & 1<x<5,\\ 0, & \text{其他},\end{cases}$ 则 $a=$_____.

10. 设随机变量 X 的分布函数为 $F(x)$,密度函数为 $f(x)$,则 $\int_{-\infty}^{+\infty}f(x)\mathrm{d}x=$_____,$F(-\infty)=$_____.

11. 设随机变量 X 的分布函数为 $F(x)=\dfrac{1}{2}+\dfrac{1}{\pi}\arctan x,\ (-\infty<x<+\infty)$,则 $P\{X<+\infty\}=$_____.

12. 设随机变量 X 服从正态分布 $N(\mu,\sigma^2)$,且 $P\{X\leqslant 2\}=0.5$ 则 $\mu=$_____.

13. 设连续型随机变量 X 的概率密度函数为 $f(x)=\begin{cases}ax, & 0<x<2,\\ 0, & \text{其他},\end{cases}$ 则 $a=$_____.

14. 若随机变量 X 服从泊松分布 $P(\lambda)$,则 X 的分布规律是_____.

15. 设 $X\sim N(0,3^2)$,则 $P\{X=2\}=$_____.

16. 设随机变量 $X\sim N(75,5^2)$,则 $P\{X<75\}=$_____,$P\{X=65\}=$_____.

17. 若随机变量 X 服从指数分布 $E(\lambda)$,则 X 的分布密度函数是_____,分布函数是_____.

18. 设离散型随机变量 X 的分布规律为 $P\{X=x_k\}=p_k,k=1,2,\cdots,n$,则 $\sum_{k=1}^{n}p_k=$_____.

19. 设随机变量 X 在区间 $(3,7)$ 内服从均匀分布,则 $P\{2<X<4\}=$_____.

20. 随机变量 $X\sim N(-1,4)$,则 $P\{|X|\geqslant 1\}=$_____.

21. 设随机变量 X 的概率密度为 $f(x)=\begin{cases}Ax^3, & 0\leqslant x\leqslant 1,\\ 0, & \text{其他},\end{cases}$ 则 $A=$_____.

22. 随机变量 $X\sim N(-1,4)$,则 $P\{|X|\geqslant 1\}=$_____.

23. 已知随机变量 X 的分布律为

X	1	2	3	4	5
P	$2a$	0.04	a	$0.3a$	0.3

则常数 $a=$_____.

24. 若随机变量 X 在区间 $[-1,1]$ 上服从均匀分布,则在 $[-1,1]$ 上其密度函数为 $f(x)=$_____.

二、选择题

1. 随机变量 X 的分布函数 $F(x)$ 是事件(　　)的概率.

A. "$X < x$"　　　　B. "$X \leqslant x$"　　　　C. "$X = x$"　　　　D. "$X > x$"

2. 设随机变量 X 的分布密度函数是 $y = f(x)$,分布函数是 $F(x)$,则以下说法中不正确的是(　　).

A. 曲线 $f(x)$ 与 X 轴围成的面积为 1　　　B. $F'(x) = f(x)$

C. $f(x)$ 为非负函数　　　　　　　　　　D. $f(x)$ 在 $(-\infty, +\infty)$ 内连续

3. 函数 $f(x) = \dfrac{1}{\sqrt{\pi}} e^{-2x^2}$ 是(　　)的概率密度.

A. 指数分布　　　　B. 泊松分布　　　　C. 正态分布　　　　D. 柯西分布

4. 设连续型 X 的密度函数是 $f(x)$,x_0 是给定点,以下说法中正确的是(　　).

A. $f(x)$ 是右连续函数　　　　　　　　B. $f(x)$ 是左连续函数

C. $f(x)$ 不一定连续　　　　　　　　　D. $f(x_0) = 0$

5. 设 X 是连续型随机变量,x 是任意实数,$F(x)$ 是 X 的分布函数,以下式子或说法中错误的是(　　).

A. $P\{X > x\} = 1 - F(x)$

B. $F(x)$ 是单调不减的、右连续,但不一定是左连续的函数

C. $P\{x_1 < X \leqslant x_2\} = F(x_2) - F(x_1)$

D. $P\{x_1 \leqslant X \leqslant x_2\} = F(x_2) - F(x_1)$

6. 随机变量 $X \sim N(1, 9)$,则 $P\{-8 < X < 10\} = ($　　$)$.

A. $2\Phi(3) - 1$　　　　　　　　　　B. $1 - 2\Phi(3)$

C. $\Phi(10) - \Phi(-8)$　　　　　　　　D. 10

7. 若随机变量 X 的概率密度函数为 $f(x)(-\infty < x < +\infty)$,则(　　)成立.

A. $\displaystyle\int_0^{+\infty} f(x)\mathrm{d}x = 1$　　　　　　B. $\displaystyle\int_{-\infty}^{+\infty} xf(x)\mathrm{d}x = 1$

C. $0 < f(x) < 1$　　　　　　　　　　D. $f(x) \geqslant 0$

8. 若 X 服从区间 $[1, 5]$ 上的均匀分布,则 $P\{0 < X < 3\} = ($　　$)$.

A. $1/5$　　　　　B. $3/5$　　　　　C. $1/2$　　　　　D. $3/4$

9. 若随机变量 X 的概率密度函数 $f(x) = \begin{cases} 4x^3, & 0 < x < 1, \\ 0, & \text{其他}, \end{cases}$ 则 X 的分布函数为(　　).

A. $F(x) = \begin{cases} 12x^2, & 0 < x < 1, \\ 0, & \text{其他} \end{cases}$　　　　B. $F(x) = \begin{cases} 1, & x > 1, \\ 12x^2, & 0 \leqslant x \leqslant 1, \\ 0, & x < 0 \end{cases}$

C. $F(x) = \begin{cases} x^4, & 0 < x < 1, \\ 0, & \text{其他} \end{cases}$　　　　D. $F(x) = \begin{cases} 1, & x > 1, \\ x^4, & 0 \leqslant x \leqslant 1, \\ 0, & x < 0 \end{cases}$

10. 若随机变量 X 服从 $[a, b]$ 上的均匀分布,则 $D(X) = ($　　$)$.

A. $(a+b)/2$　　　　　　　　　　　B. $(b-a)/2$

C. $(b-a)^2/2$　　　　　　　　　　D. $(b-a)^2/12$

11. X 的分布函数是 $F(x)$，x_0 是给定点，以下结论中错误的是(　　　).

A. $\displaystyle\int_{-\infty}^{+\infty} F(x)\mathrm{d}x=1$　　　　　　B. $F(+\infty)=1$

C. $F(-\infty)=0$　　　　　　D. $F(x)$ 在 x_0 处右连续

12. 设 X 是连续型随机变量，x 是任意实数，$F(x)$ 是 X 的分布函数，以下式子或说法中正确的是(　　　).

A. $F(x)$ 的图像是阶梯形

B. 在 $x=x_0$ 处有 $F(x_0)=0$

C. 若实数 $x_1<x_2$，则 $P\{x_1\leqslant X\leqslant x_2\}=P\{x_1<X\leqslant x_2\}$

D. $F(x)$ 与 x 轴所围成的面积等于 1

13. 随机变量 $X\sim N(2,16)$，则 $P\{-2<X<2\}$ 是(　　　).

A. $1-\dfrac{1}{2}\mathrm{e}^{-2}$　　　　　　B. $\varPhi(9)-\varPhi(1)$

C. $\varPhi(4)-\varPhi(-2)$　　　　　　D. $2\varPhi(1)-1$

14. X 的分布函数是 $F(x)$，密度函数为 $f(x)$，则以下说法或式子中不正确的是(　　　).

A. $F'(x)=f(x)$　　　　　　B. $F(x)=\displaystyle\int_{-\infty}^{x}f(t)\mathrm{d}t$

C. $f(+\infty)=1$　　　　　　D. $F(x)=P\{X\leqslant x\}$

15. 随机变量 $X\sim N(2,16)$，则 $P\{-2<X<2\}$ 是(　　　).

A. $\varPhi(1)+\dfrac{1}{2}$　　　　　　B. $\varPhi(1)+\varPhi(0)-1$

C. $\varPhi(2)-\varPhi(-2)$　　　　　　D. $2\varPhi(1)-1$

16. 设连续随机变量 X 的分布函数为 $F(x)=\displaystyle\int_{-\infty}^{x}\dfrac{1}{2\sqrt{2\pi}}\mathrm{e}^{-\frac{(x-3)^2}{8}}\mathrm{d}x$，则 $P\{X\geqslant 3\}=($　　　$)$.

A. 3　　　　　B. $1-\varPhi(3)$　　　　　C. $1-\varPhi\left(\dfrac{3}{2}\right)$　　　　　D. 0

17. 设随机变量 X 的分布律为

X	1	2
P	p	$2p^2$

则 p 的值是(　　　).

A. $\dfrac{1}{2}$　　　　　　B. $\dfrac{1}{2}$ 或 -1

C. -1　　　　　　D. 0

18. 设 X 的分布函数为 $F(x)=\begin{cases}0,& x<-1,\\ 0.2,& -1\leqslant x<0,\\ 0.4,& 0\leqslant x<1,\\ 1,& x\geqslant 1.\end{cases}$，则 $P\{|X|<0.5\}=($　　　$)$.

A. 0.2　　　　　B. 0.4　　　　　C. 0.6　　　　　D. 0.8

19. 已知 $P(A)=0.8$，$P(B)=0.3$，则 $P(AB)$ 可能取得的最小值为(　　　).

A. 0. 8　　　　　　　B. 0　　　　　　　　C. 0. 3　　　　　　　D. 0. 1

20. 随机变量 X 的分布函数其实是如下哪一个事件的概率?(　　　)

A. $\{X \leqslant x\}$　　　　　B. $\{X < x\}$　　　　　C. $\{X \geqslant x\}$　　　　　D. $\{X > x\}$

21. 设随机变量 X 的分布律为

X	1	2	4
P	p	p^2	0. 5

则 p 的值是(　　　).

A. $p = \dfrac{\sqrt{3}-1}{2}$　　　　B. $p = \dfrac{\pm\sqrt{3}-1}{2}$

C. $p = \dfrac{-\sqrt{3}-1}{2}$　　　　D. 无法计算

22. 随机变量 $X \sim N(3, 5^2)$,且有 $P\{X < c\} = P\{X \geqslant c\}$,则 $c = ($　　　$)$.

A. 5　　　　　　　　B. 3　　　　　　　　C. ± 3　　　　　　　D. 0

23. 设 X 的分布律为

X	-2	0	1
P	0. 2	0. 6	0. 2

则 X 的分布函数为(　　　).

A. $F(x) = \begin{cases} 0, & x < -2, \\ 0.2, & -1 \leqslant x < 0, \\ 0.6, & 0 \leqslant x < 1, \\ 0.2, & x \geqslant 1 \end{cases}$　　　　B. $F(x) = \begin{cases} 0, & x \leqslant -2, \\ 0.2, & -1 < x \leqslant 0, \\ 0.6, & 0 < x \leqslant 1, \\ 0.2, & x > 1 \end{cases}$

C. $F(x) = \begin{cases} 0, & x \leqslant -2, \\ 0.2, & -1 < x \leqslant 0, \\ 0.8, & 0 < x \leqslant 1, \\ 1, & x > 1 \end{cases}$　　　　D. $F(x) = \begin{cases} 0, & x < -2, \\ 0.2, & -1 \leqslant x < 0, \\ 0.8, & 0 \leqslant x < 1, \\ 1, & x \geqslant 1 \end{cases}$

24. 若函数 $y = f(x)$ 是一随机变量 X 的分布密度函数,则一定成立的是(　　　).

A. $f(x)$ 的定义域为 $[0, 1]$　　　　B. $f(x)$ 的值域为 $[0, 1]$

C. $f(x)$ 为非负函数　　　　D. $f(x)$ 在 $(-\infty, +\infty)$ 内连续

25. 设 $F(x)$ 是连续型随机变量 ξ 的分布函数,x_1, x_2 为数轴上任意两点,且有 $x_1 < x_2$,则不一定成立的是(　　　).

A. $F(x_1) < F(x_2)$　　　　B. $F(x)$ 在 x_2 处左连续

C. $F(x)$ 在 x_1 处连续　　　　D. $F(x_1) - F(x_2) = P\{x_1 < \xi \leqslant x_2\}$

26. 设 $F(x)$ 是连续型随机变量 ξ 的分布函数,x_1, x_2 为数轴上任意两点,且有 $x_1 < x_2$,则不一定成立的是(　　　).

A. $F(x_1) < F(x_2)$　　　　B. $F(x)$ 在 x_2 处左连续

C. $F(x)$ 在 x_1 处连续　　　　D. $F(x_1) - F(x_2) = P\{x_1 < \xi \leqslant x_2\}$

27.若随机变量 ξ 的分布密度为 $\varphi(x)=\dfrac{1}{2\sqrt{\pi}}e^{-\frac{x^2}{4}}(-\infty<x<+\infty)$,则 $D(\xi)=($　　).

A. 1　　　　　　　　　B. 2　　　　　　　　　C. $\sqrt{2}$　　　　　　　　　D. 4

28.设 ξ 服从 $\lambda=9$ 的指数分布,则 $P\{3<\xi<9\}=($　　).

A. $F(1)-F\left(\dfrac{3}{9}\right)$　　　　　　　　B. $\dfrac{1}{9}F\left(\dfrac{1}{\sqrt[3]{e}}\right)-F\left(\dfrac{1}{e}\right)$

C. $\dfrac{1}{\sqrt[3]{e}}-\dfrac{1}{e}$　　　　　　　　D. $\displaystyle\int_3^9 e^{-\frac{x}{9}}dx$

29.设 X 是一个离散型随机变量,则以下可作为 X 的概率分布的是(　　).

A. p,p^2　　　　　　　　　　　　B. $0.2,0.3,0.4,0.5$

C. $\dfrac{2}{n!},n=1,2,\cdots$　　　　　　　　D. $\dfrac{2^n}{n!\,e^2},n=0,1,2,\cdots$

30.设随机变量 X 的分布律为 $\begin{pmatrix}1&2&3&4\\0.15&0.2-a&0.1+b&c\end{pmatrix}$,则常数 a,b,c 应满足的条件为_____.

三、是非题

1.概率为 0 的事件是不可能事件. 　　　　　　　　　　　　　　　　　　(　　)

2.几乎不发生的事件概率为 0. 　　　　　　　　　　　　　　　　　　　(　　)

3.若 X 服从参数为 λ 的泊松分布,则 $E(X)=\lambda$. 　　　　　　　　(　　)

4.设 $X\sim N(\mu,\sigma^2)$,则 $P\{|X|<a\}=P\left\{\left|\dfrac{X-\mu}{\sigma}\right|<\left|\dfrac{a-\mu}{\sigma}\right|\right\}=\Phi\left(\left|\dfrac{a-\mu}{\sigma}\right|\right)$. 　(　　)

5.随机事件 A 满足 $P(A)=1$,则 A 为必然事件. 　　　　　　　　　(　　)

6.我们所学的随机变量的分布函数 $F(x)$ 是一个单调不减且左连续的函数. 　(　　)

7.若随机变量 X 可以取无穷多个值,则 X 一定是连续型随机变量. 　(　　)

8.对连续型随机变量,有 $P\{a\leqslant X\leqslant b\}=P\{a<X<b\}=F(b)-F(a)$. 　(　　)

9.设 $X\sim U(1,5)$,则 X 满足 $P\{X\geqslant 1\}=P\{X>1\}$. 　　　　　　(　　)

第 3 章　随机向量及其分布

许多现实问题不能用一个随机变量来描述,而需要用到多个随机变量来表述. 例如,观察炮弹在地面上的落点 e 的位置,就要得到它的横坐标 $X(e)$ 和纵坐标 $Y(e)$,而纵横坐标都是定义在同一样本空间 $\Omega=\{e|e\in D\}=\{$某个区域上所有可能的落点$\}$ 上的随机变量. 又如,选拔射击运动员,评价其射击能力,需要得到他的平均环数和稳定性. 投资者选择股票,评价股票的投资价值,需要看公司的基本面,股票的回报率和波动率等. 本章主要介绍二维随机变量及其分布的理论.

3.1　二维随机变量的概念

3.1.1　二维随机变量及其联合分布函数

定义 3.1　设 $\Omega=\{e\}$ 是随机试验 E 的样本空间,X 和 Y 是定义在 Ω 上的两个随机变量,称 $(X(e),Y(e))$ 为二维随机向量或二维随机变量,简记为 (X,Y). 类似地,可以定义 $n(n>2)$ 维随机向量,从几何上看,二维随机变量 (X,Y) 可看作平面直角坐标系中的随机点的位置.

对于二维随机变量 (X,Y),实际上它是关于样本点的二元函数,它的性质不仅与 X 和 Y 有关,而且依赖于这两个变量的相互关系,得样本点的情况时,必须把 (X,Y) 作为一个整体来研究.

与一维随机变量的情况类似,我们利用分布函数来研究二维随机变量.

定义 3.2　设 (X,Y) 是二维随机变量,对于任意实数 x,y,二元函数

$$F(x,y)=P\{X\leqslant x,Y\leqslant y\}$$

称为二维随机变量 (X,Y) 的分布函数,或称为随机变量 X 和 Y 的联合分布函数.

在几何上,可将二维随机变量 (X,Y) 看作平面上的随机点的坐标,那么分布函数 $F(x,y)$ 在点 (x,y) 处的函数值就是随机点 (X,Y) 落在点 (x,y) 左下方区域 D 内的概率,如图 3-1 所示.

另外,依照上述对分布函数 $F(x,y)$ 的直观解释,借助于图 3-1,容易得到随机点 (X,Y) 落在矩形区域 $D_1\{(x,y)|x_1<x\leqslant x_2,y_1<y\leqslant y_2\}$(见图 3-2)的概率为

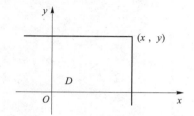

图 3-1　在区域 D 内的随机点 (X,Y)

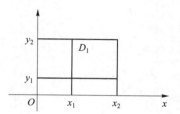

图 3-2　在区域 D_1 内的随机点 (X,Y)

$$P\{(x,y)\in D_1\}$$
$$=P\{x_1<X\leqslant x_2,y_1<Y\leqslant y_2\}$$
$$=F(x_2,y_2)-F(x_1,y_2)-F(x_2,y_1)+F(x_1,y_1).　　　　　(3-1)$$

二维随机变量的分布函数 $F(x,y)$ 具有如下性质:

(1)(单调性)$F(x,y)$ 是关于变量 x 和 y 的不减函数,即对于任意固定的 y,当 $x_1<x_2$ 时,$F(x_1,y)\leqslant F(x_2,y)$. 对于任意固定的 x,当 $y_1<y_2$ 时,$F(x,y_1)\leqslant F(x,y_2)$.

(2)(有界性)对于任意的实数 x,y,有 $0\leqslant F(x,y)\leqslant1$;且对于固定的 y,$F(-\infty,y)=0$;对于固定的 x,$F(x,-\infty)=0$,且

$$F(-\infty,-\infty)=0,\ F(+\infty,+\infty)=1.$$

(3)(右连续性)$F(x,y)=F(x+0,y)$,$F(x,y)=F(x,y+0)$,即 $F(x,y)$ 关于 x 右连续,关于 y 也右连续.

(4)对于任意的实数 $x_1<x_2,y_1<y_2$,有

$$F(x_2,y_2)-F(x_1,y_2)-F(x_2,y_1)+F(x_1,y_1)\geqslant0.$$

关于性质(2)可以从几何上加以说明,例如,在图 3-1 中将区域 D 的右面边界无限向左移动(即 $x\rightarrow-\infty$),则"随机点 (X,Y) 落在区域 $(-\infty,y)$ 内"这一事件是不可能事件,因此其概率趋于 0,即有 $F(-\infty,y)=0$. 同理可说明其他几条性质.

3.1.2　二维离散型随机变量及其联合概率分布

定义 3.3　对于二维随机变量 (X,Y),如果 (X,Y) 的所有可能取的值是有限对或可列无穷对,则称 (X,Y) 是二维离散型随机变量.

设二维离散型随机变量 (X,Y) 所有可能取的值为 (x_i,y_i),$i=1,2,\cdots,j=1,2,\cdots$,记

$$P\{X=x_i,Y=y_i\}=p_{ij},$$

则称它为二维离散型随机变量 (X,Y) 的联合概率分布或分布律,或称为随机变量 X 与 Y 的联合概率分布或联合分布律,如表 3-1 所示.

表 3-1　二维离散型随机变量 (X,Y) 的联合概率分布

Y ＼ X	x_1	x_2	$\cdots$	x_i	$\cdots$
y_1	p_{11}	p_{21}	$\cdots$	p_{i1}	$\cdots$
y_2	p_{12}	p_{22}		p_{i2}	$\cdots$
$\vdots$	$\vdots$	$\vdots$		$\vdots$	
y_j	p_{1j}	p_{2j}		p_{ij}	$\cdots$
$\vdots$	$\vdots$	$\vdots$		$\vdots$	

由概率的定义和概率的可列可加性知:

(1)(非负性)$p_{ij}\geqslant0,i=1,2,\cdots,j=1,2,\cdots$;

(2)(规范性)$\sum\limits_{i=1}^{\infty}\sum\limits_{j=1}^{\infty}p_{ij}=1$.

通常用表格的形式表示二维离散型随机变量 (X,Y) 的概率分布,如表 3-1 所示.

另外,二维离散型随机变量 (X,Y) 的分布函数 $F(x,y)$ 与概率分布 p_{ij} 之间也存在关系

$$F(x,y) = \sum_{\substack{x_i \leqslant x \\ y_j \leqslant y}} p_{ij}, \tag{3-2}$$

其中,求和是对一切满足 $x_i \leqslant x, y_j \leqslant y$ 的 i, j 求和.

【例 3.1】 两位实力相当的乒乓球爱好者为了击败对方,研究了对方发球落点的规律(假设发球落点都在对方的球台上). 爱好者把球台分为 9 个区域,前方用 Y 表示,右方用 X 表示. 经过大量统计,发现对手来球落点在各个区域上的概率分布如表 3-2 所示. 求落点在前台区和左边区的概率,即 $P\{Y=3\}$ 和 $P\{X=1\}$.

表 3-2　球落点分布

Y＼X	1	2	3
1	0.02	0.05	0.05
2	0.08	0.15	0.05
3	0.15	0.2	0.25

解　$P\{Y=3\}=P\{X=1,Y=3\}+P\{X=2,Y=3\}+P\{X=3,Y=3\}=0.15+0.2+0.25=0.6$

$P\{X=1\}=P\{X=1,Y=1\}+P\{X=1,Y=2\}+P\{X=1,Y=3\}=0.02+0.08+0.15=0.25$.

【例 3.2】 有一投篮游戏,参与者先在装有 4 个小球的袋子中抽取一个小球,编号是 1,2,3,4,若抽中的号码为 X,则参与者可投 X 次篮. 设参与者每次投篮命中的概率为 0.5,命中次数记为 Y,试求 (X,Y) 的分布律.

解　依题意,二维随机变量 $\{X=i,Y=j\}$ 取值情况是:$i=1,2,3,4$,而 j 取 $0,1,\cdots,i$ 的整数. $P\{X=i\}=\dfrac{1}{4}$,Y 服从二项分布,$p=0.5$. 由乘法公式得

$$P\{X=i,Y=j\}=P\{X=i\} \cdot P\{Y=j|X=i\}$$
$$=\frac{1}{4}C_i^j p^j (1-p)^{i-j}.$$

因此,(X,Y) 的分布律如表 3-3 所示.

表 3-3　随机变量 $\{X=i,Y=j\}$ 的分布

Y＼X	1	2	3	4
0	$\dfrac{1}{8}$	$\dfrac{1}{16}$	$\dfrac{1}{32}$	$\dfrac{1}{64}$
1	$\dfrac{1}{8}$	$\dfrac{1}{8}$	$\dfrac{3}{32}$	$\dfrac{1}{16}$
2	0	$\dfrac{1}{16}$	$\dfrac{3}{32}$	$\dfrac{3}{32}$
3	0	0	$\dfrac{1}{32}$	$\dfrac{1}{16}$
4	0	0	0	$\dfrac{1}{64}$

3.1.3　二维连续型随机变量及其联合分布

定义 3.4　设 $F(x,y)$ 为二维随机变量 (X,Y) 的分布函数,如果存在非负函数 $f(x,y)$,使

得对于任意的实数 x,y 均有

$$F(x,y) = \int_{-\infty}^{y} \int_{-\infty}^{x} f(u,v)\,\mathrm{d}u\mathrm{d}v, \tag{3-3}$$

则称 (X,Y) 为二维连续型随机变量，$f(x,y)$ 称为 (X,Y) 的概率密度函数，或随机变量 X 和 Y 的联合概率密度函数.

概率密度 $f(x,y)$ 具有以下性质：

(1)（非负性）对任意的实数 x,y，有 $f(x,y) \geqslant 0$；

(2)（规范性）$\int_{-\infty}^{+\infty} \int_{-\infty}^{+\infty} f(x,y)\mathrm{d}x\mathrm{d}y = F(+\infty,+\infty) = 1$；

(3) 在 $f(x,y)$ 的连续点 (x,y) 处，有

$$\frac{\partial^2 F(x,y)}{\partial x \partial y} = f(x,y);$$

(4) 设 G 是 xOy 平面上的一个区域，点 (X,Y) 落在 G 内的概率

$$P\{(X,Y) \in G\} = \iint_G f(x,y)\mathrm{d}x\mathrm{d}y. \tag{3-4}$$

从几何意义上来看，$Z = f(x,y)$ 表示三维空间的一个曲面，$P\{(X,Y) \in G\}$ 表示以 G 为底，$Z = f(x,y)$ 为曲面顶的柱体体积.

【例 3.3】　设二维随机变量 (X,Y) 具有概率密度

$$f(x,y) = \begin{cases} k\mathrm{e}^{-(2x+3y)}, & x>0, y>0, \\ 0, & \text{其他.} \end{cases}$$

(1) 确定常数 k；(2) 求出 $F(x,y)$；(3) 求 $P\{X<Y\}$.

解　(1) 根据概率密度性质得

$$\int_{-\infty}^{+\infty} \int_{-\infty}^{+\infty} f(x,y)\mathrm{d}x\mathrm{d}y$$

$$= \int_{0}^{+\infty} \int_{0}^{+\infty} k\mathrm{e}^{-(2x+3y)}\,\mathrm{d}x\mathrm{d}y$$

$$= k \int_{0}^{+\infty} \mathrm{e}^{-2x}\mathrm{d}x \int_{0}^{+\infty} \mathrm{e}^{-3y}\mathrm{d}y$$

$$= k \cdot \left(-\frac{1}{2}\mathrm{e}^{-2x} \right) \Big|_{0}^{+\infty} \cdot \left(-\frac{1}{3}\mathrm{e}^{-3y} \right) \Big|_{0}^{+\infty}$$

$$= \frac{k}{6} = 1.$$

因此，$k=6$.

(2) 由分布函数定义，得

$$F(x,y) = \int_{-\infty}^{x} \int_{-\infty}^{y} f(u,v)\mathrm{d}u\mathrm{d}v$$

$$= \int_{-\infty}^{x} \int_{-\infty}^{y} \frac{1}{6}\,\mathrm{e}^{-2u-3v}\mathrm{d}u\mathrm{d}v$$

$$= \int_{0}^{x} \frac{1}{6}\,\mathrm{e}^{-2u}\mathrm{d}u \int_{0}^{y} \mathrm{e}^{-3v}\mathrm{d}v$$

$$= \frac{1}{6}(\mathrm{e}^{-2x}-1)(\mathrm{e}^{-2y}-1).$$

（3）将(X, Y)看作平面上随机点的坐标,则有
$$\{Y \leqslant X\} = \{(X, Y) \in G\}.$$
其中,G 为 xOy 平面上直线 $y = x$ 以下的部分（见图 3-3）.
那么

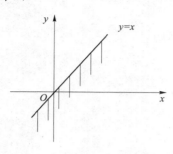

图 3-3 $Y \leqslant X$ 的区域

$$
\begin{aligned}
P\{Y \leqslant X\} &= P\{(X, Y) \in G\} \\
&= \iint_G f(x, y)\mathrm{d}x\mathrm{d}y \\
&= \int_0^{-\infty} \left[\int_0^x f(x, y)\mathrm{d}x\right]\mathrm{d}x \\
&= \frac{1}{6}\int_0^{+\infty} \mathrm{e}^{-2x}\mathrm{d}x\int_0^x \mathrm{e}^{-3y}\mathrm{d}y \\
&= -\frac{1}{18}\int_0^{+\infty} (\mathrm{e}^{-5x} - \mathrm{e}^{-2x})\mathrm{d}x = \frac{1}{60}.
\end{aligned}
$$

在二维连续型随机变量中,最常见也最重要的是二维正态分布的随机变量.

定义 3.5　如果二维随机变量(X, Y)的概率密度为

$$f(x, y) = \frac{1}{2\pi \sigma_1 \sigma_2 \sqrt{1-\rho^2}}\exp\left\{\frac{1}{2(1-\rho^2)}\left[\frac{(x-\mu_1)^2}{\sigma_1^2} - 2\rho\frac{x-\mu_1}{\sigma_1}\frac{y-\mu_2}{\sigma_2} + \frac{(y-\mu_2)^2}{\sigma_2^2}\right]\right\}$$

其中,$\mu_1, \mu_2, \sigma_1(>0), \sigma_2(>0), \rho$ 都是常数,且 $-1 < \rho < 1$,则称(X, Y)服从参数为 $\mu_1, \mu_2, \sigma_1^2, \sigma_2^2$, ρ 的二维正态分布,记为.

$$(X, Y) \sim N(\mu_1, \mu_2, \sigma_1^2, \sigma_2^2, \rho).$$

显然 $f(x, y) \geqslant 0$,可以验证

$$\int_{-\infty}^{+\infty}\int_{-\infty}^{+\infty} f(x, y)\mathrm{d}x\mathrm{d}y = 1.$$

二维随机变量的分布函数可推广到 $n(n > 2)$ 维随机变量的分布函数.

一般地,设 T 是一随机试验,它的样本空间 $\Omega = \{\omega\}$,设 $X_1 = X_1\{\omega\}$, $X_2 = X_2\{\omega\}$, $\cdots$, $X_n = X_n\{\omega\}$ 是定义在 Ω 上的随机变量,由它们构成一个 n 维向量$(X_1, X_2, \cdots, X_n)$,叫作 n 维随机向量或 n 维随机变量.

对任意 n 个实数 $x_1, x_2, \cdots, x_n$ 的 n 元函数,称函数
$$F(x_1, x_2, \cdots, x_n) = P\{X_1 \leqslant x_1, X_2 \leqslant x_2, \cdots, X_n \leqslant x_n\}$$
为 n 维随机向量$(X_1, X_2, \cdots, X_n)$的分布函数或随机变量 $X_1, X_2, \cdots, X_n$ 的联合分布函数.
$F(x_1, x_2, \cdots, x_n)$具有与二维随机变量的分布函数类似的性质.

3.2　边缘分布、条件分布及随机变量的独立性

3.2.1　边缘分布

二维随机变量(X, Y)的分布函数 $F(x, y)$描述了 X, Y 这两个随机变量组成的整体的统计规律. 由于这个整体是由 X 和 Y 组成的,因此在(X, Y)的分布函数 $F(x, y)$中,既包含了关于 X 和 Y 的一切信息,又包含了 X 与 Y 之间关系的一切信息. 我们称其分量 X 及 Y 的分布函数为二维随机变量(X, Y)关于 X 及关于 Y 的边缘分布函数,分别记作 $F_X(x), F_Y(y)$,边缘分布

函数可以由 (X,Y) 的分布函数 $F(x,y)$ 来确定,事实上
$$F_X(x) = P\{X \leqslant x\} = P\{X \leqslant x, y < +\infty\},$$
即
$$F_X(x) = \lim_{y \to +\infty} F(x,y) = F(x, +\infty). \tag{3-5}$$
同理
$$F_Y(y) = \lim_{x \to +\infty} F(x,y) = F(+\infty, y). \tag{3-6}$$

因此,当我们已知 (X,Y) 的分布函数 $F(x,y)$ 时,就可以求得 (X,Y) 关于 X 及 Y 的边缘分布函数.

1. 二维离散型随机变量的边缘概率分布

设 (X,Y) 的分布律为
$$P\{X = x_i, Y = y_j\} = p_{ij}, i,j = 1,2,\cdots,$$
则由式(3-3)与式(3-5)知,边缘分布函数
$$F_X(x) = F(x, +\infty) = \sum_{i=1}^{\infty} \sum_{j=1}^{\infty} p_{ij} U(x, x_i). \tag{3-7}$$
同理,由式(3-3)与式(3-6),得
$$F_Y(y) = F(+\infty, y) = \sum_{i=1}^{\infty} \sum_{j=1}^{\infty} p_{ij} U(y - y_i). \tag{3-8}$$
其中
$$U(x) = \begin{cases} 0, & x < 0, \\ 1, & x \geqslant 0. \end{cases}$$

在第 2 章中,我们讨论了离散型随机变量分布函数与概率分布之间的关系,再由式(3-7)及式(3-8)即可知 X 的分布律为
$$P\{X = x_i\} = \sum_{k=1}^{\infty} p_{ik}, i = 1,2,\cdots,$$
$$P\{X = x_i\} = \sum_{k=1}^{\infty} p_{ik} = p_{i \cdot}, i = 1,2,\cdots.$$
Y 的分布律为
$$P\{X = y_j\} = \sum_{k=1}^{\infty} p_{kj} = p_{\cdot j}, j = 1,2,\cdots.$$
称 $p_{i \cdot}(i=1,2,\cdots)$ 和 $p_{\cdot j}(j=1,2,\cdots)$ 为 (X,Y) 关于 X 和 Y 的边缘分布律. 边缘分布律可以在 (X,Y) 的概率分布表上直接求得.

【例 3.4】　求【例 3.2】中二维随机变量 (X,Y) 关于 X 和 Y 的边缘分布律.

解　(X,Y) 的分布律如表 3-4 所示.

表 3-4　(X,Y) 的分布

Y ＼ X	1	2	3	4
0	$\frac{1}{8}$	$\frac{1}{16}$	$\frac{1}{32}$	$\frac{1}{64}$
1	$\frac{1}{8}$	$\frac{1}{8}$	$\frac{3}{32}$	$\frac{1}{16}$
2	0	$\frac{1}{16}$	$\frac{3}{32}$	$\frac{3}{32}$

Y \ X	1	2	3	4
3	0	0	$\dfrac{1}{32}$	$\dfrac{1}{16}$
4	0	0	0	$\dfrac{1}{64}$

则关于 X、Y 的边缘分布律如表 3-5 所示.

表 3-5　X、Y 的边缘分布

Y \ X	1	2	3	4	合计
0	$\dfrac{1}{8}$	$\dfrac{1}{16}$	$\dfrac{1}{32}$	$\dfrac{1}{64}$	$\dfrac{15}{64}$
1	$\dfrac{1}{8}$	$\dfrac{1}{8}$	$\dfrac{3}{32}$	$\dfrac{1}{16}$	$\dfrac{13}{32}$
2	0	$\dfrac{1}{16}$	$\dfrac{3}{32}$	$\dfrac{3}{32}$	$\dfrac{1}{4}$
3	0	0	$\dfrac{1}{32}$	$\dfrac{1}{16}$	$\dfrac{3}{32}$
4	0	0	0	$\dfrac{1}{64}$	$\dfrac{1}{64}$
合计	$\dfrac{1}{4}$	$\dfrac{1}{4}$	$\dfrac{1}{4}$	$\dfrac{1}{4}$	1

在表 3-5 中最右边的一列是关于 Y 的边缘分布,最下面的一行是关于 X 的边缘分布.

2. 二维连续型随机变量的边缘概率密度函数

设 (X,Y) 的概率密度为 $f(x,y)$,由式(3-5)及二元分布函数,知

$$F_X(x) = F(x, +\infty)$$

$$= \int_{-\infty}^{+\infty} \int_{-\infty}^{x} f(u,v) \mathrm{d}u \mathrm{d}v$$

$$= \int_{-x}^{x} \left[\int_{-\infty}^{+\infty} f(u,v) \mathrm{d}v \right] \mathrm{d}u.$$

由此可知,若 X 是连续型随机变量,则其概率密度函数为

$$f_X(x) = \int_{-\infty}^{+\infty} f(x,y) \mathrm{d}y. \tag{3-9}$$

同理,若 Y 是连续型随机变量,则其概率密度函数为

$$f_Y(y) = \int_{-\infty}^{+\infty} f(x,y) \mathrm{d}x.$$

因此,$f_X(x)$,$f_Y(y)$ 分别为连续型随机变量 (X,Y) 关于 X 和关于 Y 的边缘概率密度.

【例 3.5】　设随机变量 X 和 Y 具有联合概率密度

$$f(x,y) = \begin{cases} 6, & -1 \leqslant x \leqslant 0, \quad 2x \leqslant y \leqslant x - x^2, \\ 0, & \text{其他}. \end{cases}$$

X 和 Y 所围成的区域如图 3.4 所示.

求边缘概率密度 $f_X(x), f_Y(y)$.

解　由式(3-9)有

$$f_X(x) = \int_{-\infty}^{+\infty} f(x,y)\mathrm{d}y$$

$$= \int_{2x}^{x-x^2} 6\mathrm{d}y = -6x(x+1), \; -1 \leqslant x \leqslant 0.$$

即

$$f_X(x) = \begin{cases} -6x(x+1), & -1 \leqslant x \leqslant 0, \\ 0, & \text{其他}. \end{cases}$$

再由题设可得

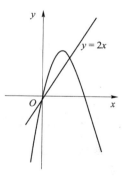

图 3.4　X 和 Y 所围成的区域

$$f_Y(y) = \int_{-\infty}^{+\infty} f(x,y)\mathrm{d}x$$

$$= \int_{\frac{1-\sqrt{1-4y}}{2}}^{\frac{y}{2}} 6\mathrm{d}x + \int_{\frac{1-\sqrt{1-4y}}{2}}^{\frac{1+\sqrt{1-4y}}{2}} 6\mathrm{d}x$$

$$= 3(y-1+3\sqrt{1-4y}), 0 \leqslant y \leqslant \frac{1}{4}.$$

即

$$f_Y(y) = \begin{cases} 3(y-1+3\sqrt{1-4y}), & 0 \leqslant y \leqslant \frac{1}{4}, \\ 0, & \text{其他}. \end{cases}$$

【例 3.6】　设二维随机变量 $(X,Y) \sim N(\mu_1, \mu_2, \sigma_1^2, \sigma_2^2, \rho)$. 求 (X,Y) 关于 X 和 Y 的边缘概率密度.

解　由式(3-9)可知

$$f_X(x) = \int_{-\infty}^{+\infty} f(x,y)\mathrm{d}y,$$

由于

$$f(x,y) = \frac{1}{2\pi\sigma_1\sigma_2\sqrt{1-\rho^2}} \exp\left\{ -\frac{1}{2(1-\rho^2)} \left[\left(\frac{x-\mu_1}{\sigma_1}\right)^2 - 2\rho\frac{x-\mu_1}{\sigma_1}\cdot\frac{y-\mu_2}{\sigma_2} + \left(\frac{y-\mu_2}{\sigma_2}\right)^2 \right] \right\}$$

于是

$$f_X(x) = \int_{-\infty}^{\infty} \frac{1}{2\pi\sigma_1\sigma_2\sqrt{1-\rho^2}} \exp\left\{ -\frac{(x-\mu_1)^2}{2\sigma_1^2} - \frac{1}{2(1-\rho^2)}\left(\frac{y-\mu_2}{\sigma_2} - \rho\frac{x-\mu_1}{\sigma_1}\right)^2 \right\}\mathrm{d}y$$

$$= \frac{1}{\sqrt{2\pi}\sigma_1} e^{-\frac{1}{2\sigma_1^2}(x-\mu_1)^2} \int_{-\infty}^{\infty} \frac{1}{\sqrt{2\pi}\sigma_2\sqrt{1-\rho^2}} e^{-\frac{1}{2\sigma_2^2(1-\rho^2)}\left[y-\mu_2-\rho\frac{\sigma_2}{\sigma_1}(x-\mu_1)\right]^2}\mathrm{d}y.$$

上述积分号下的被积函数为正态分布 $N\left(\mu_2 + \rho\frac{\sigma_2}{\sigma_1}(x-\mu_1), \sigma_2^2(1-\rho^2)\right)$ 的概率密度函数,从而有

$$f_X(x) = \frac{1}{2\pi\sigma_1} e^{-\frac{(x-\mu_2)^2}{2\sigma_1^2}} \int_{-\infty}^{+\infty} e^{-\frac{t^2}{2}}\mathrm{d}t$$

$$= \frac{1}{\sqrt{2\pi}\sigma_1} e^{-\frac{(x-\mu_2)^2}{2\sigma_1^2}}, \; -\infty < x < +\infty,$$

同理可得

$$f_Y(y) = \frac{1}{\sqrt{2\pi}\sigma_2} e^{-\frac{(y-\mu_2)^2}{2\sigma_2^2}}, -\infty < y < +\infty.$$

可见,二维正态分布的两个边缘分布都是一维正态分布,与参数 ρ 无关. 由于二维正态分布与 ρ 有关,对于给定的 μ_1、μ_2、σ_1、σ_2,以及不同的 ρ,得到不同的二元正态分布,因此由 X 和 Y 的边缘分布不能确定 X 和 Y 的联合分布.

3.2.2　条件分布

1. 离散型随机变量的条件分布

定义 3.6　设离散型随机变量 (X,Y) 联合分布律 $P\{X=x_i, Y=y_j\}=p_{ij}, i,j=1,2,\cdots$,若 $P\{Y=y_j\}>0$,称随机变量 X 的分布律

$$P\{X=x_i|Y=y_j\}=p_{ij}/p_{\cdot j}, i,j=1,2,\cdots,$$

为在 $Y=y_j$ 条件下 X 的条件分布. 类似地,可定义 $X=x_i$ 条件下 Y 的条件分布为

$$P\{Y=y_j|X=x_i\}=p_{ij}/p_{i\cdot}, i,j=1,2,\cdots.$$

【例 3.7】　根据【例 3.2】随机变量 (X,Y) 的分布律,求 $Y=1$ 条件下随机变量 X 的分布律.

解　根据【例 3.2】知,随机变量 (X,Y) 的分布律如表 3-6 所示.

表 3-6　(X,Y) 的分布律

Y＼X	1	2	3	4
0	$\frac{1}{8}$	$\frac{1}{16}$	$\frac{1}{32}$	$\frac{1}{64}$
1	$\frac{1}{8}$	$\frac{1}{8}$	$\frac{3}{32}$	$\frac{1}{16}$
2	0	$\frac{1}{16}$	$\frac{3}{32}$	$\frac{3}{32}$
3	0	0	$\frac{1}{32}$	$\frac{1}{16}$
4	0	0	0	$\frac{1}{64}$

由条件分布定义知

$$P\{X=i|Y=1\}=\frac{P\{X=i,Y=1\}}{P\{Y=1\}},$$

再由【例 3.2】知,

$$P\{Y=1\}=\frac{13}{32}.$$

因此,在 $Y=1$ 条件下 X 的分布律如表 3-7 所示.

表 3-7　在 $Y=1$ 条件下 X 的分布

X	1	2	3	4
$P\{X|Y=1\}$	$\frac{4}{13}$	$\frac{4}{13}$	$\frac{3}{13}$	$\frac{2}{13}$

2. 连续型随机变量的条件分布

定义 3.7 给定的 $X=x$ 条件下,随机变量 Y 的条件分布函数定义为

$$P\{Y\leqslant y|X=x\}\triangleq \lim_{\Delta x\to 0^+} P\{Y\leqslant y|x<X\leqslant x+\Delta x\},$$

记为 $F_{Y|X}(y|x)$.

设随机变量 (X,Y) 的分布函数为 $F(x,y)$,概率密度函数为 $f(x,y)$,若在点 (x,y) 处 $f(x,y)$ 连续,其边缘密度函数为 $f_X(x)$,则有

$$P\{Y\leqslant y|X=x\}=\lim_{\Delta x\to 0^+}\frac{P\{x<X\leqslant x+\Delta x,Y\leqslant y\}}{P\{x<X\leqslant x+\Delta x\}},$$

$$P\{Y\leqslant y|X=x\}=\lim_{\Delta x\to 0^+}\frac{F(x+\Delta x,y)-F(x,y)}{F_X(x+\Delta x)-F_X(x)},$$

$$P\{Y\leqslant y|X=x\}=\lim_{\Delta x\to 0^+}\frac{[F(x+\Delta x,y)-F(x,y)]/\Delta x}{[F_X(x+\Delta x)-F_X(x)]/\Delta x}$$

$$=\frac{\partial F(x,y)}{\partial x}\bigg/\frac{\partial F_X(x)}{\partial x},$$

因此,$F_{Y|X}(y\mid x)=\dfrac{\displaystyle\int_{-\infty}^{y}f(x,v)\mathrm{d}v}{f_X(x)}=\displaystyle\int_{-\infty}^{y}\dfrac{f(x,v)}{f_X(x)}\mathrm{d}v.$

记 $f_{Y|X}(y|x)$ 为 $X=x$ 条件下关于 Y 的条件密度函数,对上式求导,得

$$f_{Y|X}(y|x)=f(x,y)/f_X(x),$$

同理

$$f_{X|Y}(x|y)=f(x,y)/f_Y(y),$$

$$F_{X|Y}(x\mid y)=\int_{-\infty}^{x}\frac{f(u,y)}{f_Y(y)}\mathrm{d}u.$$

【例 3.8】 设二维随机变量 $(X,Y)\sim N(\mu_1,\mu_2,\sigma_1^2,\sigma_2^2,\rho)$,求 $f_{Y|X}(y|x)$.

解 由例 3.6 得

$$f_X(x)=\int_{-\infty}^{+\infty}f(x,y)\mathrm{d}y=\frac{1}{\sqrt{2\pi}\sigma_1}\mathrm{e}^{-\frac{(x-\mu_1)^2}{2\sigma_1^2}},$$

所以

$$f_{Y|X}(y|x)=\frac{f(x,y)}{f_X(x)}=\frac{1}{\sqrt{2\pi}\sigma_2\sqrt{1-\rho^2}}\exp\left\{-\frac{1}{2\sigma_2^2(1-\rho^2)}\left\{y-\left[\mu_2+\rho\frac{\sigma_2}{\sigma_1}(x-\mu_1)\right]\right\}^2\right\},$$

即

$$Y|X\sim N\left(\mu_2+\rho\frac{\sigma_2}{\sigma_1}(x-\mu_1),\sigma_2^2(1-\rho^2)\right).$$

3.2.3　随机变量的相互独立性

随机变量的独立性是概率统计中十分重要的概念,与两个事件相互独立的概念类似,我们可定义两个随机变量相互独立.

定义 3.8 设 $F(x,y),F_X(x),F_Y(y)$ 分别是二维随机变量 (X,Y) 的分布函数及边缘分布函数.若对于所有的 x,y,下面的式子成立

$$P\{X\leqslant x,Y\leqslant y\}=P\{X\leqslant x\}P\{Y\leqslant y\},$$

即

$$F(x,y)=F_X(x)F_Y(y),\tag{3-10}$$

则称随机变量 X 和 Y 相互独立.

1. 离散型随机变量的独立性

定理 3.1　设 (X,Y) 是二维离散型随机变量，(X,Y) 的分布为

$$P\{X=x_i,Y=y_j\}=p_{ij}, i,j=1,2,\cdots.$$

若

$$P\{X=x_i,Y=y_j\}=P\{x=x_i\}P\{Y=y_j\},$$

即

$$p_{ij}=p_{i\cdot}\,p_{\cdot j}, i,j=1,2,\cdots \tag{3-11}$$

其中，$p_{i\cdot}$、$p_{\cdot j}$ 分别是 (X,Y) 关于 X 和 Y 的边缘概率分布，则随机变量 X、Y 独立.

【例 3.9】　在【例 3.2】中随机变量 X 与 Y 是否独立？

解　由【例 3.2】和【例 3.4】知，(X,Y) 的概率分布律和联合分布律如表 3-8 所示.

表 3-8　(X,Y) 的概率分布律和联合分布律

Y＼X	1	2	3	4	$P(Y)$
0	$\frac{1}{8}$	$\frac{1}{16}$	$\frac{1}{32}$	$\frac{1}{64}$	$\frac{15}{64}$
1	$\frac{1}{8}$	$\frac{1}{8}$	$\frac{3}{32}$	$\frac{1}{16}$	$\frac{13}{32}$
2	0	$\frac{1}{16}$	$\frac{3}{32}$	$\frac{3}{32}$	$\frac{1}{4}$
3	0	0	$\frac{1}{32}$	$\frac{1}{16}$	$\frac{3}{32}$
4	0	0	0	$\frac{1}{64}$	$\frac{1}{64}$
$P(X)$	$\frac{1}{4}$	$\frac{1}{4}$	$\frac{1}{4}$	$\frac{1}{4}$	1

如果 X 与 Y 独立，则对任意的 i,j，均有

$$p_{ij}=p_{i\cdot}\,p_{\cdot j}, i=1,2,3; j=1,2,3.$$

但由表 3-8 知

$$p_{12}=0\neq p_{1\cdot}\cdot p_{\cdot 2}=\frac{1}{4}\cdot\frac{1}{4}.$$

因此，随机变量 X 与 Y 不独立.

2. 连续型随机变量的独立性

定理 3.2　设 (X,Y) 是二维连续型随机变量，$f(x,y)$、$f_X(x)$、$f_Y(y)$ 分别为 (X,Y) 的概率密度和边缘概率密度函数，则随机变量 X,Y 相互独立的充分必要条件为

$$f(x,y)=f_X(x)\cdot f_Y(y). \tag{3-12}$$

在实际应用中，使用式(3-11)或式(3-12)要比使用式(3-10)方便.

【例 3.10】　设 (X,Y) 服从 $N(\mu_1,\mu_2,\sigma_1^2,\sigma_2^2,\rho)$. 求 X 与 Y 相互独立的充分必要条件.

解　(X,Y) 的概率密度函数为

$$f(x,y)=\frac{1}{2\pi\,\sigma_1\sigma_2\sqrt{1-\rho^2}}\exp\left\{\frac{1}{2(1-\rho^2)}\left[\frac{(x-\mu_1)^2}{\sigma_1^2}-2\rho\frac{x-\mu_1}{\sigma_1}\frac{y-\mu_2}{\sigma_2}+\frac{(y-\mu_2)^2}{\sigma_2^2}\right]\right\}.$$

由【例 3.7】知,关于 X 及 Y 的边缘概率密度分别为

$$f_X(x) = \frac{1}{\sqrt{2\pi}\sigma_1} e^{-\frac{(x-\mu_1)^2}{2\sigma_1^2}},$$

$$f_Y(y) = \frac{1}{\sqrt{2\pi}\sigma_2} e^{-\frac{(x-\mu_2)^2}{2\sigma_2^2}}.$$

因 X、Y 相互独立,故

$$f(x,y) = f_X(x)f_Y(y).$$

因此, $\sqrt{1-\rho^2} = 1$, $\rho = 0$.

当 $\rho = 0$ 时, $f(x,y) = f_X(x)f_Y(y)$.

习题 3

1. 袋中装有形状大小相同的小球 10 个,其中 8 个红球,2 个白球,从中取出两球,每次取 1 个.令

$$X = \begin{cases} 1, & \text{第一次取出白球,} \\ 0, & \text{第一次取出黑球;} \end{cases}$$

$$Y = \begin{cases} 1, & \text{第二次取出白球,} \\ 0, & \text{第二次取出黑球.} \end{cases}$$

在不放回抽样与有放回抽样两种方式下,求 X 与 Y 的联合分布律.

2. 设 (X,Y) 的概率密度函数为

$$f(x,y) = \begin{cases} Cxy, & 0<x<1, \quad 0<y<1, \\ 0, & \text{其他.} \end{cases}$$

试求:(1)常数 C;

(2)(X,Y) 的分布函数 $F(x,y)$;

(3)$P\left\{0<X<\dfrac{1}{2}, -2<Y\leqslant 3\right\}$;

(4)$P\{Y>X\}$.

3. 某投资者进行组合投资,在金融板块买入 3 只股票,在有色金属板块买入 5 只股票,经过一段时间观察发现这 8 只股票的上涨联动情况.令 X,Y 分别表示这些金融股票和有色金属股票的上涨数,若 X 与 Y 的联合分布如下:

X \ Y	0	1	2	3	4	5
0	0.02	0.035	0.07	0.055	0.05	0.01
1	0.02	0.045	0.07	0.06	0.045	0.01
2	0.025	0.055	0.08	0.055	0.055	0.01
3	0.015	0.045	0.06	0.05	0.05	0.01

求下列事件的概率:

(1)X、Y 的边缘分布;

(2)$P\{Y>3\}$;

(3)$P\{X=Y\}$;

(4)$P\{X>Y\}$.

4.设二维随机变量(X,Y)的取值点:$(0,0)$,$(0,1)$,$(1,1)$,$(1,2)$,$(1,4)$,$(2,2)$,$(2,3)$,$(3,2)$,$(3,3)$的概率为$\dfrac{1}{12}$,$\dfrac{1}{12}$,$\dfrac{1}{8}$,$\dfrac{1}{12}$,$\dfrac{5}{12}$,$\dfrac{1}{8}$,$\dfrac{1}{24}$,$\dfrac{1}{6}$,$\dfrac{1}{12}$,求:

(1)(X,Y)的分布律;

(2)(X,Y)关于 X 或 Y 的边缘分布律;

(3)$P\{X\leqslant1\}$,$P\{X=Y\}$,$P\{X\leqslant Y\}$.

5.设(X,Y)的分布函数为

$$F(x,y)=\frac{1}{\pi^2}\left(\arctan x+\frac{\pi}{2}\right)\left(\arctan y+\frac{\pi}{2}\right)(-\infty<x<+\infty,-\infty<y<+\infty),求(X,Y)$$

的边缘分布 $F_X(x)$ 和 $F_Y(y)$.

6.若(X,Y)的分布律如下:

X \ Y	1	2	3
1	0.3	0.2	0.1
2	0.2	α	β

问:α,β 取何值时,X 与 Y 相互独立?

7.X 与 Y 的联合密度函数为

(1)$f(x,y)=\begin{cases}\dfrac{3}{2}y^2,0\leqslant x\leqslant2,&0\leqslant y\leqslant1,\\0,&其他;\end{cases}$

(2)$f(x,y)=\begin{cases}8xy,0\leqslant y\leqslant1,&0\leqslant x\leqslant y,\\0,&其他.\end{cases}$

求:(X,Y)关于 X 及 Y 的边缘密度函数;条件分布函数;X 与 Y 是否相互狙立性.

8.设(X,Y)的概率密度为

$$f(x,y)=\begin{cases}1,0<x<1,&|y|\leqslant x,\\0,&其他.\end{cases}$$

求:(1)条件密度 $f_{X|Y}(x|y)$,$f_{Y|X}(y|x)$;

(2)$P\left\{X>\dfrac{1}{2}\,\Big|Y>0\right\}$,$P\left\{Y>\dfrac{1}{2}\,\Big|X>\dfrac{1}{2}\right\}$.

9.设(X,Y)的概率密度为

$$f(x,y)=\begin{cases}A(x+y),0<x<1,&0<y<2,\\0,&其他,\end{cases}$$

求:(1)常数 A;

(2)分布函数 $F(x,y)$.

10.已知(X,Y)的分布函数为

$$F(x,y)=\begin{cases}c(1-\mathrm{e}^{-2x}(1-\mathrm{e}^{-y}),&x,y>0,\\0,&其他.\end{cases}$$

求：(1)常数 c；

(2)(X,Y) 的密度函数.

11.设 X 和 Y 是两个相互独立的随机变量，X 在 $[0,1]$ 上服从均匀分布，Y 的概率密度为

$$f_Y(y)=\begin{cases}\dfrac{1}{2}e^{-\frac{y}{2}}, & y>0,\\ 0, & y\leqslant 0.\end{cases}$$

求：(1)X 和 Y 的联合概率密度；

(2)设含有 a 的二次方程 $a^2+2a+Y=0$，试求 a 有实根的概率.

客观题 3

一、填空题

1.随机变量 X，从 1、2、3、4 中等可能地取值，而 Y 从 X 到 1 中等可能地取，则 (X,Y) 联合分布的表达式是_____.

2.设二维随机变量 (X,Y) 的分布函数为 $F(x,y)$，则 $F(-\infty,2)=$_____，$F(+\infty,+\infty)=$_____.

二、选择题

1.设随机变量 $X\sim U(0,2)$（均匀分布），$Y\sim E\left(\dfrac{1}{2}\right)$（指数分布），且 X 与 Y 相互独立，则 X 与 Y 的联合分布为(　　).

A. $f(x,y)=\begin{cases}\dfrac{1}{4}e^{-0.5y},0<x<2, & y>0,\\ 0, & 其他\end{cases}$

B. $f(x,y)=\begin{cases}\dfrac{1}{4}e^{-0.5y}, & 0<x<1,y>0,\\ 0, & 其他\end{cases}$

C. $f(x,y)=\begin{cases}e^{-0.5y},0<x<2, & y>0,\\ 0, & 其他\end{cases}$

D. $f(x,y)=\begin{cases}e^{-0.5y},0<x<1, & y>0,\\ 0, & 其他\end{cases}$

2.设相互独立的两个随机变量 X,Y 的密度函数分别为 $f_X(x),f_Y(y)$，则 (X,Y) 的联合密度函数是(　　).

A. $f(x,y)=f_X(x)+f_Y(y)$ 　　　　　　B. $f(x,y)=f_X(x)-f_Y(y)$

C. $f(x,y)=f_X(x)f_Y(y)$ 　　　　　　D. $f(x,y)=f_X(x)/f_Y(y)$

3.在随机变量的可加性叙述中错误的是(　　).

A. $X\sim B(n_1,p_1),Y\sim B(n_2,p_2)$，且 X,Y 相互独立，则 $X+Y\sim B(n_1+n_2,p_1+p_2)$

B. $X\sim P(\lambda_1),Y\sim P(\lambda_2)$，且 X,Y 相互独立，则 $X+Y\sim P(\lambda_1+\lambda_2)$

C. $X\sim N(\mu_1,\sigma_1^2),Y\sim N(\mu_2,\sigma_2^2)$，且 X,Y 相互独立，则 $X+Y\sim N(\mu_1+\mu_2,\sigma_1^2+\sigma_2^2)$

D. 以上均不正确

4.关于离散型随机变量 (X,Y) 的联合分布律与边缘分布律的说法中正确的是(　　).

A. 联合分布律可以唯一确定边缘分布律，反之也成立

B. 边缘分布律可以唯一确定联合分布律，反之不成立

C. 联合分布律可以唯一确定边缘分布律,反之不成立

D. 边缘分布律可以唯一确定联合分布律,反之也成立

5. 设随机变量 X 服从正态分布 $N(3,2^2)$,则对于随机变量 $Y=X+1$,以下说法中正确的是(　　　).

A. Y 服从正态分布 $N(3,2^2)$　　　　　　B. Y 服从正态分布 $N(4,2^2)$

C. Y 服从正态分布 $N(4,3^2)$　　　　　　D. Y 不服从正态分布

6. 设二元函数 $f(x,y)=\begin{cases}5, & x^2\leqslant y\leqslant x, \\ 0, & 其他,\end{cases}$ 则 X 的边缘分布密度函数是(　　　).

A. $f_X(x)=5(x-x^2),0\leqslant x\leqslant 1$　　　　　　B. $f_X(y)=5(\sqrt{y}-y),0\leqslant y\leqslant 1$

C. $f_X(x)=5(x^2-x),0\leqslant x\leqslant 1$　　　　　　D. $f_X(y)=5(y-\sqrt{y}),0\leqslant y\leqslant 1$

7. 设随机变量 $X\sim U(0,2)$(均匀分布), $Y\sim E\left(\dfrac{1}{2}\right)$(指数分布),且 X 与 Y 相互独立,则 X 与 Y 的联合分布为(　　　).

A. $f(x,y)=\begin{cases}\dfrac{1}{4}e^{-0.5y},0<x<2, & y>0, \\ 0, & 其他\end{cases}$

B. $f(x,y)=\begin{cases}\dfrac{1}{4}e^{-0.5y},0<x<1, & y>0, \\ 0, & 其他\end{cases}$

C. $f(x,y)=\begin{cases}e^{-0.5y},0<x<2, & y>0, \\ 0, & 其他\end{cases}$

D. $f(x,y)=\begin{cases}e^{-0.5y},0<x<1, & y>0, \\ 0, & 其他\end{cases}$

8. 以下说法或式子中正确的是(　　　).

A. 随机变量 X 和 Y 不相关的充要条件是 X 与 Y 独立

B. 若随机变量 X 和 Y 不相关,则 X 与 Y 独立

C. 若随机变量 X 和 Y 独立,则 X 与 Y 不相关

D. 以上都不对

三、是非题

1. 边缘分布函数由联合分布函数决定.　　　　　　　　　　　　　　　　　　(　　　)

2. X、Y 为随机变量,则联合分布与边缘分布的关系为 $F(x,y)=F_X(x)F_Y(y)$.　(　　　)

3. 边缘分布函数由联合分布函数决定.　　　　　　　　　　　　　　　　　　(　　　)

4. 若二维离散型随机变量 (X,Y) 的联合分布律中有一个 $p_{ij}=0$,则 X,Y 一定相互独立.

　　　　　　　　　　　　　　　　　　　　　　　　　　　　　　　　　　　(　　　)

5. 利用二维随机变量 (X,Y) 的联合分布函数 $F(x,y)$ 计算概率时,有　　　　　(　　　)

$$P\{a<X\leqslant b,c<Y\leqslant d\}=F(c,d)-F(c,b)-F(a,d)+F(a,c).$$

6. 若 X 和 Y 相互独立,则 $D(XY)=D(X)D(Y)$.　　　　　　　　　　　　(　　　)

7. 对随机变量 X 及任意实数 x,有 $P\{X<x\}=P\{X\leqslant x\}$.　　　　　　　(　　　)

8. 对 X 和任何常数 C,有 $D(X+C)=D(X-C)=D(X)+C$.　　　　　　　(　　　)

9. 对任意随机变量 X,Y,有 $E(XY)=E(X)E(Y)$.　　　　　　　　　　　　(　　　)

第4章　随机变量的数字特征

分布函数全面地描述了随机变量的统计特征,但是在实际问题中,一方面求分布函数不容易;另一方面,得到一个随机变量的分布特征往往不需要去全面地了解随机变量的变化规律.例如,要得到某一个股票的回报率情况,只需要了解该股票的最高最低回报、平均回报、波动率、波动情况,这些都是回报率的重要特征,我们称它们为随机变量的数字特征,这是我们下面要讨论的数学期望、方差、相关系数和矩.

4.1　数学期望

期望就是对未来的渴望,但由于未来面临的因素很多,因此未来的结果难以预料.数学期望源于历史上的分赌本问题,我们如何描述期望?

【例 4.1】　某家电专卖店一天销售电风扇台数,从历史记录来看,其取值是 $0,1,\cdots,8$.将来一天的销量是多少? 现随机抽取 n 天的记录,经整理后列于表 4-1.

表 4-1　一天销售电风扇台数的频率分布

一天的销售台数 k	0	1	2	3	4	5	6	7	8
天数 n_k	n_0	n_1	n_2	n_3	n_4	n_5	n_6	n_7	n_8
销售台数频率	f_0	f_1	f_2	f_3	f_4	f_5	f_6	f_7	f_8

其中,$f_k = \dfrac{n_k}{n}$,$n = \sum\limits_{k=0}^{8} n_k$.

容易算出平均每天电风扇销售台数为

$$\frac{\sum\limits_{k=0}^{8} k \cdot n_k}{n} = \sum_{k=0}^{8} k \cdot \frac{n_k}{n} = \sum_{k=0}^{8} k \cdot f_k \to \sum_{k=0}^{\infty} k \cdot p_k (若\ n \to \infty),$$

可见,平均数等于各天的销量乘以权重之和,它不仅考虑了随机变量的取值,还考虑了其取值的概率大小.

4.1.1　离散型随机变量的数学期望

定义 4.1　设离散型随机变量 X 的分布概率为

$$P\{X = x_k\} = p_k, k = 1, 2, \cdots.$$

若级数 $\sum\limits_{k=1}^{\infty} x_k p_k$ 绝对收敛,即 $\sum\limits_{k=1}^{\infty} |x_k| p_k < \infty$,则称级数 $\sum\limits_{k=1}^{\infty} x_k p_k$ 的和为随机变量 X 的数学期望.简记为 $E(X)$.

数学期望简称为期望,它的实际意义为均值,是一种加权平均.由定义知,离散型随机变量 X 的数学期望就是 X 的可能取值与其对应概率乘积之和.

【例 4.2】　离散型随机变量 X 的分布律如表 4-2 所示.

表 4-2　随机变量 X 的分布

X	1	2	3	4
$P(X)$	$\dfrac{4}{13}$	$\dfrac{4}{13}$	$\dfrac{3}{13}$	$\dfrac{2}{13}$

求 $E(X)$.

解

$$E(X) = \sum_{i=1}^{8} x_i p_i = 1 \times \frac{4}{13} + 2 \times \frac{4}{13} + 3 \times \frac{3}{13} + 4 \times \frac{2}{13} = \frac{29}{13}.$$

【例 4.3】　某投资机构在一波证券大行情中给一批(20 人)投资爱好者进行模拟投资,每人的本金为 10 万元,经过一个月后结算各位投资者的资产 X(万元),情况如表 4-3 所示.

表 4-3　资产 X 的频数表

X	9	10	11	12	12.5	13	14	14.8
人数 n_k	1	2	4	5	4	2	1	1

求经过一个月后这批投资者的平均资产 $E(X)$.

解　这批投资者资产分布律如表 4-4 所示.

表 4-4　资产 X 的频率表

X	9	10	11	12	12.5	13	14	14.8
f_k	0.05	0.1	0.2	0.25	0.2	0.1	0.05	0.05

$$E(X) = 9 \times 0.05 + 10 \times 0.1 + 11 \times 0.2 + 12 \times 0.25 + 12.5 \times 0.2 +$$
$$13 \times 0.1 + 14 \times 0.5 + 14.8 \times 0.05$$
$$= 11.89$$

经过一个月后,这批投资者平均资产为 11.89 万元.

【例 4.4】　据气象预报,某市下个月有小洪水的概率为 0.3,有大洪水的概率为 0.02. 工地上有一台大型设备. 为了保护设备,可采取以下三种方案:

方案一:运走设备,此时需花费 4 000 元.

方案二:建一保护墙,需花费 2 000 元. 但围墙只能防止小洪水,当大洪水来临时, 设备受损,损失 65 000 元.

方案三:不采取措施. 此时大洪水来临时损失 65 000 元,小洪水来临时损失 15 000 元. 试比较哪一种方案好.

解　记方案一损失为 $X_1 = 4\ 000$ 元,方案二和方案三的损失分别设为 X_2 和 X_3. 依题意,无洪水的概率为 $1 - 0.3 - 0.02 = 0.68$,所以 X_2, X_3 的分布律分别如表 4-5 和表 4-6 所示.

表 4-5　方案二的损失分布

X_2	2 000	67 000
p	0.98	0.02

表 4-6　方案三的损失分布

X_3	0	15 000	65 000
p	0.68	0.3	0.02

它们的平均损失分别为:
$$E(X_2)=2\,000\times0.98+67\,000\times0.02=3\,300(\text{元}),$$
$$E(X_3)=15\,000\times0.3+65\,000\times0.02=5\,800(\text{元}).$$

从平均损失的角度看,方案二最好.

4.1.2　常见离散型随机变量的数学期望

(1)二项分布的数学期望.
$$X\sim b(n,p),p_k=C_n^k p^k q^{n-k},k=0,1,2,\cdots,n.$$

$$E(X)=\sum_{k=0}^{n}kp_k=\sum_{k=1}^{n}kC_n^k p^k q^{n-k}$$

$$=np\sum_{k=1}^{n}C_{n-1}^{k-1}p^{k-1}q^{n-k}$$

$$=np(p+q)^{n-1}=np.$$

注:当二项分布的 $n=1$ 时,此时即为 $0-1$ 分布,因此容易得到 $0-1$ 分布 X 的期望 $E(X)=p.$

(2)泊松分布的数学期望.
$$X\sim P(\lambda),p_k=\frac{\lambda^k}{k!}\mathrm{e}^{-\lambda},k=0,1,2,\cdots.$$

$$E(X)=\sum_{k=0}^{\infty}kp_k=\sum_{k=1}^{\infty}k\cdot\frac{\lambda^k}{k!}\mathrm{e}^{-\lambda}=\lambda\mathrm{e}^{-\lambda}\sum_{k=1}^{\infty}\frac{\lambda^{k-1}}{(k-1)!}=\lambda\mathrm{e}^{-\lambda}\cdot\mathrm{e}^{\lambda}=\lambda.$$

(3)几何分布的数学期望.

若随机变量 X 服从几何分布,记 $X\sim\mathrm{Geo}(p)$,其分布规律为
$$p_k=pq^{k-1},k=1,2,\cdots;q=1-p.$$

则称随机变量 X 服从几何分布.

$$E(X)=\sum_{k=1}^{\infty}kp_k=\sum_{k=1}^{\infty}kq^{k-1}p=p(1+2q+3q^2+\cdots).$$

因为 $p(q+q^2+q^3+\cdots)=p\left(\dfrac{q}{1-q}\right)$,

所以 $\displaystyle\sum_{k=1}^{\infty}kp_k=p\,\frac{1}{(1-q)^2}=\frac{1}{p}.$

4.1.3　连续随机变量的数学期望

定义 4.2　设连续随机变量 X 的密度函数为 $f(x)$,若积分

$$\int_{-\infty}^{+\infty}xf(x)\mathrm{d}x \text{ 绝对收敛,即}\int_{-\infty}^{+\infty}|x|f(x)\mathrm{d}x<\infty,$$

则称 $\displaystyle\int_{-\infty}^{+\infty}xf(x)\mathrm{d}x$ 为连续随机变量 X 的数学期望,即

$$E(X)=\int_{-\infty}^{\infty}xf(x)\mathrm{d}x.$$

【例 4.5】 某地铁 5 min 来一班车,如果乘客随机到达地铁车站,试求他候车的平均时间.

　　解 以 X 表示候车时间,依题意,有 $X \sim U(0,5)$

$$f(x) = \begin{cases} \dfrac{1}{5}, & 0 < x < 5, \\ 0, & 其他. \end{cases}$$

$$E(X) = \int_{-\infty}^{\infty} xf(x)\mathrm{d}x = \int_0^5 x\,\frac{1}{5}\mathrm{d}x = 2.5.$$

因此,候车的平均时间为 2.5 min.

【例 4.6】 设在某一规定的时间段内,某部门的主控计算机用于最大负荷的时间 X(以 min 计)是一个连续型随机变量. 其概率密度为

$$f(x) = \begin{cases} \dfrac{1}{(1\,500)^2}x, & 0 \leqslant x \leqslant 1\,500, \\ \dfrac{-1}{(1\,500)^2}(x-3\,000), & 1\,500 < x \leqslant 3\,000, \\ 0 & 其他. \end{cases}$$

求在该时间段内主控计算机用于最大负荷的平均时间.

　　解 $E(X) = \displaystyle\int_{-\infty}^{+\infty} xf(x)\mathrm{d}x$

$$= \int_0^{1\,500} x \cdot \frac{x}{(1\,500)^2}\mathrm{d}x + \int_{1\,500}^{3\,000} x \cdot \frac{(3\,000-x)}{(1\,500)^2}\mathrm{d}x$$

$$= \frac{1}{(1\,500)^2}\frac{x^3}{3}\Big|_0^{1\,500} + \frac{1}{(1\,500)^2}\Big[1\,500x^2 - \frac{x^3}{3}\Big]_{1\,500}^{3\,000}$$

$$= 1\,500(\text{min}).$$

4.1.4　常见连续型随机变量的数学期望

(1)均匀分布 $X \sim U(a,b)$ 的期望.

X 的密度函数为

$$f(x) = \begin{cases} \dfrac{1}{b-a}, & a < x < b, \\ 0, & 其他. \end{cases}$$

$$E(X) = \int_{-\infty}^{\infty} xf(x)\mathrm{d}x = \int_a^b \frac{x}{b-a}\mathrm{d}x = \frac{a+b}{2}.$$

(2)指数分布 $X \sim \mathrm{Exp}(\lambda)$ 的期望.

X 的密度函数为

$$f(x) = \lambda\mathrm{e}^{-\lambda x}, x \geqslant 0,$$

$$E(X) = \int_0^{\infty} x\lambda\mathrm{e}^{-\lambda x}\mathrm{d}x = -\int_0^{\infty} \mathrm{d}(x\mathrm{e}^{-\lambda x}) + \int_0^{\infty} \mathrm{e}^{-\lambda x}\mathrm{d}x = \frac{1}{\lambda}.$$

(3)正态分布 $X \sim N(\mu, \sigma^2)$ 的数学期望.

X 的密度函数为

$$\int_{-\infty}^{\infty} x f(x) \mathrm{d}x = \int_{-\infty}^{\infty} x \frac{1}{\sqrt{2\pi}\sigma} \mathrm{e}^{-(x-\mu)^2/2\sigma^2} \mathrm{d}x$$

$$= \frac{1}{\sqrt{2\pi}} \int_{-\infty}^{\infty} (\sigma z + \mu) \mathrm{e}^{-z^2/2} \mathrm{d}z$$

$$= \frac{\mu}{\sqrt{2\pi}} \int_{-\infty}^{\infty} \mathrm{e}^{-z^2/z} \mathrm{d}z = \mu.$$

4.1.5　数学期望的性质

(1)若 $X = C$ 为常数,则 $E(X) = C$.

(2) $E(CX) = CE(X)$,其中 C 为常数.

(3)对任意两个随机变量 X, Y,有
$$E(X + Y) = E(X) + E(Y).$$

(4)若随机变量 X 与 Y 相互独立,则
$$E(XY) = E(X)E(Y).$$

4.1.6　随机变量函数的数学期望

在实际问题或理论研究中,有时已知随机变量 X 的分布,但是要求随机变量 X 的函数的数学期望,例如 $g(X) = X^2 + 1$,这时 $E[g(X)]$ 如何计算? 根据定义,应先求出随机变量函数的分布.但是,随机变量函数的分布一般计算较烦琐.通常可以利用下面的定理来计算随机变量函数的数学期望.

定理　(1)若离散型随机变量 X 有分布 $p_i = P(X = x_i), i = 1, 2, \cdots$,则对于连续函数 g, $Y = g(X)$ 也是离散型随机变量.若 $\sum\limits_{k=1}^{\infty} |g(x_k)| p_k < \infty$,则
$$E(Y) = \sum_{k=1}^{\infty} g(x_k) p_k.$$

(2)若连续型随机变量 X 有密度函数 $f(x)$,则对任何连续函数 g,若
$$\int_{-\infty}^{+\infty} |g(x)| f(x) \mathrm{d}x < +\infty,$$

则有
$$E(Y) = E[g(x)] = \int_{-\infty}^{\infty} g(x) f(x) \mathrm{d}x.$$

【例 4.7】　设随机变量 X 的分布律如表 4-7 所示.

表 4-7　随机变量 X 的分布

X	-1	0	2	3
p	0.1	0.3	0.4	0.2

求 $E(X^2)$、$E(2X - 3)$.

　　解
$$E(X) = -1 \times 0.1 + 0 \times 0.3 + 2 \times 0.4 + 3 \times 0.2 = 1.3,$$
$$E(X^2) = (-1)^2 \times 0.1 + 0^2 \times 0.3 + 2^2 \times 0.4 + 3^2 \times 0.2 = 3.5,$$

$$E(2X-3)=2E(X)-3=2\times1.3-3=-0.4.$$

【例 4.8】 设甲工厂生产某一种电子产品的寿命 X（以年计）服从指数分布，其概率密度为

$$f(x)=\begin{cases}\dfrac{1}{10}\mathrm{e}^{-x/10}, & 0<x<10,\\[2mm] 0, & \text{其他}.\end{cases}$$

为了保护消费者的权益，工厂规定出售的设备在一年内损坏可以更换. 若出售一件产品，工厂获利 1 000 元，而更换一台则损失 2 000 元. 试求甲工厂出售一件产品盈利的数学期望.

解　设甲工厂出售一件产品盈利 Y 元，依题意，Y 的可能取值是 1 000 元和 -2 000 元. 产品寿命时间 $X\sim E\left(\dfrac{1}{10}\right)$. 依题意得

$$P\{Y=1\ 000\}=P\{X>1\}=\int_{1}^{+\infty}\frac{1}{10}\mathrm{e}^{-t/10}\mathrm{d}t=\mathrm{e}^{-1/10}.$$

$$P\{Y=-2\ 000\}=P\{X<1\}=1-\mathrm{e}^{-1/10}.$$

因此 $E(Y)=1\ 000\times\mathrm{e}^{-1/10}-2\ 000\times(1-\mathrm{e}^{-1/10})\approx714.5(\text{元}).$

4.2　方　　差

在比较两个射击运动员的水平时，我们主要看他们的平均环数即数学期望. 但是，如果他们的平均环数相同或很接近时，又如何评估他们的水平呢？这就要看他们中靶的稳定性，了解中靶环数 X 取值与平均中靶数 $E(X)$ 的偏离程度. 总的来说，类似的问题，评估稳定性或波动性，应考查随机变量的取值与其数学期望的偏离程度.

4.2.1　方差的概念

【例 4.9】 为提高某科目考试成绩，甲乙两位学生进行了多次模拟考试，他们每次采用同一套题目，考试成绩如表 4-8、表 4-9 所示.

表 4-8　甲学生成绩

成绩 X	75	80	85	90	95	100
频数	3	6	4	4	2	1
频率	0.15	0.30	0.2	0.2	0.1	0.05

表 4-9　乙学生成绩

成绩 Y	75	80	85	90	95	100
频数	5	3	4	4	4	0
频率	0.25	0.15	0.2	0.2	0.2	0

试评估这两位学生的考试水平.

容易算得，甲乙两位学生的平均成绩为 $E(X)=E(Y)=84.75$. 因此，从平均值角度无法比较他们的应试能力.

实际上,评估他们的考试水平我们需要看他们的稳定性,这个稳定性如何度量? 我们自然想到每次考试成绩与平均成绩的偏离程度,即 $X-E(X)$. 随机变量 X 与其数学期望 $E(X)$ 的差 $X-E(X)$ 是一个新的随机变量,它反映的是 X 的每个取值与其中心位置 $E(X)$ 的差距,这些差距均值为 0,即

$$E[X-E(X)]=0.$$

由于 X 与 $E(X)$ 的差距有正有负, $X-E(X)$ 不能反映 X 对 $E(X)$ 的绝对偏离程度,因此我们可用 $|X-E(X)|$ 或 $[X-E(X)]^2$. 但是,为了数学上的处理方便,我们用 $[X-E(X)]^2$ 来描述偏离程度.

定义 4.3　设 X 是随机变量,如果 $E[X-E(X)]^2<+\infty$,就称它为 X 的方差,记为 $D(X)$. 即

$$D(X)=E[X-E(X)]^2<+\infty.$$

方差的算术平方根 $\sqrt{D(X)}$ 称为 X 的标准差.

方差 $D(X)$ 反映了随机变量 X 取值关于 $E(X)$ 的离散程度.方差越大,则 X 取值越分散;方差越小,则 X 的取值越集中.

对于离散型随机变量 X,若其分布为

$$P\{X=x_k\}=p_k, k=1,2,\cdots,$$

则

$$D(X)=\sum_{k=1}^{\infty}[x_k-E(X)]^2 p_k.$$

对于连续型随机变量 X,若概率密度为 $f(x)$,则由定义知

$$D(X)=\int_{-\infty}^{+\infty}[x-E(X)]^2 f(x)\mathrm{d}x.$$

定理　设 X 是随机变量,$D(X)$ 存在,则

$$D(X)=E(X^2)-[E(X)]^2.$$

证明　由方差和数学期望定义,得

$$\begin{aligned}
D(X)&=E\{[x-E(X)]^2\}\\
&=E\{X^2-2XE(X)+[E(X)]^2\}\\
&=E(X^2)-2E(X)E(X)+[E(X)]^2\\
&=E(X^2)-[E(X)]^2.
\end{aligned}$$

【例 4.10】　某一项目的投资收益与投资方案有关,按以往的投资经验,其收益分布分别如表 4-10 和表 4-11 所示.

<table>
<tr><td colspan="4">表 4-10　甲方案收益</td></tr>
<tr><td>收益 X/万元</td><td>0</td><td>100</td><td>200</td></tr>
<tr><td>概率 P</td><td>0.3</td><td>0.6</td><td>0.1</td></tr>
</table>

<table>
<tr><td colspan="4">表 4-11　乙方案收益</td></tr>
<tr><td>收益 X/万元</td><td>-100</td><td>100</td><td>200</td></tr>
<tr><td>概率 P</td><td>0.2</td><td>0.5</td><td>0.3</td></tr>
</table>

试比较这两个投资方案.

解

$$E(X)=0\times0.3+100\times0.6+200\times0.1=80,$$
$$E(Y)=-100\times0.2+100\times0.5+200\times0.3=90,$$
$$D(X)=(0-80)^2\times0.3+(100-80)^2\times0.6+(200-80)^2\times0.1=2\,304,$$

$$D(Y) = (-100-90)^2 \times 0.2 + (100-90)^2 \times 0.5 + (200-90)^2 \times 0.3 = 7\ 702.$$

可见,乙方案平均收益要好些,然而承担的风险比甲方案大.

【例 4.11】 设随机变量 X 的密度函数为

$$f(x) = \begin{cases} 1+x, & -1 \leqslant x < 0, \\ 1-x, & 0 \leqslant x \leqslant 1, \\ 0, & \text{其他}. \end{cases}$$

求 $D(X)$.

解

$$
\begin{aligned}
E(X) &= \int_{-\infty}^{+\infty} x f(x) \mathrm{d}x \\
&= \int_{-1}^{0} x(1+x) \mathrm{d}x + \int_{0}^{1} x(1-x) \mathrm{d}x = 0, \\
E(X^2) &= \int_{-\infty}^{+\infty} x^2 f(x) \mathrm{d}x \\
&= \int_{-1}^{0} x^2(1+x) \mathrm{d}x + \int_{0}^{1} x^2(1-x) \mathrm{d}x = \frac{1}{6}, \\
D(X) &= E(X^2) - [E(X)]^2 = \frac{1}{6}.
\end{aligned}
$$

4.2.2 方差的性质

(1) $D(C) = 0$, C 为常数.

(2) $D(aX) = a^2 D(X)$, a 为常数.

证明

$$
\begin{aligned}
D(aX) &= E(a^2 X^2) - [E(aX)]^2 \\
&= a^2 E(X^2) - [aE(X)]^2 \\
&= a^2 \{E(X^2) - [E(X)]^2\} = a^2 D(X).
\end{aligned}
$$

(3) 若 X, Y 独立,则 $D(X+Y) = D(X) + D(Y)$.

证明

$$
\begin{aligned}
D(X+Y) &= E[(X+Y)^2] - [E(X+Y)]^2 \\
&= E(X^2 + 2XY + Y^2) - \\
&\quad \{[E(X)]^2 + 2E(X)E(Y) + [E(Y)]^2\} \\
&= D(X) + D(Y) + 2E(XY) - 2E(X)E(Y).
\end{aligned}
$$

X 与 Y 独立,则

$$E(XY) = E(X)E(Y)$$
$$D(X+Y) = D(X) + D(Y).$$

若 $X_1, X_2, \cdots, X_n$ 相互独立,则

$$D(X_1 + X_2 + \cdots + X_n) = D(X_1) + D(X_2) + \cdots + D(X_n).$$

4.2.3 几个重要随机变量的方差

(1) 0—1 分布.

$$X \sim B(1, p), E(X) = p.$$
$$D(X) = (0-p)^2(1-p) + (1-p)^2 p = p(1-p).$$

（2）二项分布 $B(n,p)$.

$$X \sim B(n,p), P\{X=k\} = C_n^k p^k (1-p)^{n-k}, k=0,1,\cdots,n.$$

设 $X_i \sim B(1,p)$，则 $X=X_1+X_2+\cdots+X_n \sim B(n,p)$.

$$D(X_i) = p(1-p).$$

$$D(X) = \sum_{i=1}^{n} D(X_i) = \sum_{i=1}^{n} p(1-p) = np(1-p).$$

（3）泊松分布 $P(\lambda)$.

$$E(X^2) = \sum_{k=0}^{\infty} k^2 \frac{\lambda^2}{k!} e^{-\lambda} = \sum_{k=1}^{\infty} \frac{k\lambda^k e^{-\lambda}}{(k-1)!}$$

$$= \lambda^2 e^{-\lambda} \sum_{k=2}^{\infty} \frac{\lambda^{k-2}}{(k-2)!} + \lambda e^{-\lambda} e^{\lambda} = \lambda^2 + \lambda.$$

由于

$$E(X) = \sum_{k=1}^{\infty} \frac{\lambda^k e^{-\lambda}}{(k-1)!} = \lambda,$$

因此

$$D(X) = E(X^2) - [E(X)]^2 = \lambda^2 + \lambda - \lambda^2 = \lambda.$$

（4）均匀分布 $U(a,b)$.

设 $X \sim U(a,b)$，则 X 的密度函数为

$$f(x) = \begin{cases} \dfrac{1}{b-a}, & a<x<b, \\ 0, & 其他. \end{cases}$$

$$E(X) = \frac{a+b}{2}.$$

$$D(X) = \int_{-\infty}^{+\infty} [x-E(\xi)]^2 f(x) \mathrm{d}x$$

$$= \int_{a}^{b} \left(x - \frac{a+b}{2}\right)^2 \frac{1}{b-a} \mathrm{d}x$$

$$= \frac{1}{3} \left(x - \frac{a+b}{2}\right)^3 \frac{1}{b-a} \Big|_{a}^{b} = \frac{(b-a)^2}{12}.$$

（5）指数分布.

$X \sim E(\lambda)$，其密度函数是

$$f(x) = \begin{cases} \lambda e^{-\lambda x}, & x \geq 0, \\ 0, & x < 0. \end{cases}$$

其中 $\lambda > 0$. 则

$$E(X^2) = \int_{0}^{\infty} x^2 \lambda e^{-\lambda x} \mathrm{d}x \xrightarrow{\text{令} y=\lambda x} \frac{1}{\lambda^2} \int_{0}^{\infty} y^2 e^{-y} \mathrm{d}y$$

$$= \frac{\Gamma(3)}{\lambda^2} = \frac{2}{\lambda^2}.$$

$$\mathrm{Var}(X) = E(X^2) - E^2(X) = \frac{2}{\lambda^2} - \frac{1}{\lambda^2} = \frac{1}{\lambda^2}.$$

（6）正态分布.

$$X \sim N(\mu,\sigma^2), E(X) = \mu,$$

$$D(X) = E(X-\mu)^2 = \int_{-\infty}^{\infty} (x-\mu)^2 \frac{1}{\sqrt{2\pi}\sigma} e^{-\frac{(x-\mu)^2}{2\sigma^2}} \mathrm{d}x$$

$$= \int_{-\infty}^{\infty} \frac{\sigma^2 t^2}{\sqrt{2\pi}} e^{-\frac{t^2}{2}} dt = \frac{\sigma^2}{\sqrt{2\pi}} \int_{-\infty}^{\infty} t^2 e^{-\frac{t^2}{2}} dt = -\frac{\sigma^2}{\sqrt{2\pi}} \int_{-\infty}^{\infty} t de^{-\frac{t^2}{2}}$$

$$= -\frac{\sigma^2}{\sqrt{2\pi}} t e^{-\frac{t^2}{2}} \Big|_{-\infty}^{\infty} + \frac{\sigma^2}{\sqrt{2\pi}} \int_{-\infty}^{\infty} e^{-\frac{t^2}{2}} dt = \sigma^2.$$

常见分布的数学期望和方差如表 4-12 所示.

表 4-12　常见分布的数学期望和方差

分布名称	符号	均值	方差
0—1 分布	$B(1,p)$	p	$p(1-p)$
二项分布	$B(n,p)$	np	$np(1-p)$
泊松分布	$P(\lambda)$	λ	λ
几何分布	$G(p)$	$\dfrac{1}{p}$	$\dfrac{1-p}{p^2}$
超几何分布	$H(n,M,N)$	$\dfrac{nM}{N}$	$\dfrac{nM}{N}\left(1-\dfrac{M}{N}\right)\left(\dfrac{N-n}{N-1}\right)$
均匀分布	$U(a,b)$	$\dfrac{a+b}{2}$	$\dfrac{(b-a)^2}{12}$
指数分布	$e(\lambda)$	$\dfrac{1}{\lambda}$	$\dfrac{1}{\lambda^2}$
正态分布	$N(\mu,\sigma^2)$	μ	σ^2

4.3　协方差与相关系数

两个随机变量之间通常有一定的关系,例如身高与体重,城市家庭收入与住房面积,大盘指数与个股价格,国内证券市场指数与海外主要证券市场指数. 总的来说,随机变量 X 与 Y 之间的相互关系如何描述?

由方差的定义可以得到

$$D(X+Y) = D(X) + D(Y) + 2E\{[X-E(X)][Y-E(Y)]\}$$

当 X 与 Y 独立时,

$$E\{[X-E(X)][Y-E(Y)]\} = E(XY) - E(X)E(Y) = 0.$$

也就是,当 $E\{[X-E(X)][Y-E(Y)]\} = E(XY) - E(X)E(Y) \neq 0$ 时,X 与 Y 不独立. 因此,可用 $E\{[X-E(X)][Y-E(Y)]\}$ 来刻画 X 与 Y 之间的关系.

定义 4.4　设 (X,Y) 是二维随机变量,若 $E\{[X-E(X)][Y-E(Y)]\} < \infty$,则称

$$E\{[X-E(X)][Y-E(Y)]\}$$

为随机变量 X 与 Y 的协方差,记为 $\mathrm{Cov}(X,Y)$.

特别地,

$$\mathrm{Cov}(X,X) = D(X), \mathrm{Cov}(Y,Y) = D(Y).$$

协方差大小可正可负,反映了随机变量 X 与 Y 的相互关系,但受到度量单位的影响,例如

$$\mathrm{Cov}(kX,kY) = E\{[kX-E(kX)][kY-E(kY)]\}$$
$$= k^2 E\{[X-E(X)][Y-E(Y)]\} = k^2 \mathrm{Cov}(X,Y).$$

可见，X 与 Y 的协方差受到其度量单位的影响. 对 X 与 Y 做标准化处理，令

$$X^* = \frac{X - E(X)}{\sqrt{D(X)}}, Y^* = \frac{Y - E(Y)}{\sqrt{D(Y)}},$$

则

$$\text{Cov}(X^*, Y^*) = E\left\{\frac{[X - E(X)]}{\sqrt{D(X)}} \frac{[Y - E(Y)]}{\sqrt{D(Y)}}\right\} = \frac{\text{Cov}(X, Y)}{\sqrt{D(X)D(Y)}}.$$

定义 4.5　设 (X, Y) 是二维随机变量，若

$$E\left\{\frac{[X - E(X)]}{\sqrt{D(X)}} \frac{[Y - E(Y)]}{\sqrt{D(Y)}}\right\} < \infty,$$

则称

$$\frac{\text{Cov}(X, Y)}{\sqrt{D(X)D(Y)}}$$

为随机变量 X 与 Y 的相关系数，记为 $\rho(X, Y)$，简记为 ρ_{XY} 或 ρ.

相关系数是测定变量之间关系密切程度的量，与协方差 $\text{Cov}(X, Y)$ 的符号相同. 当 $\rho > 0$ 时，称 X 与 Y 正相关；当 $\rho < 0$ 时，称 X 与 Y 负相关；当 $\rho = 0$（亦有 $\text{Cov}(X, Y) = 0$）时，称 X 与 Y 不相关.

协方差的性质　设 (X, Y) 为二维随机变量，则

(1) $\text{Cov}(X, Y) = E(XY) - E(X)E(Y)$；

(2) $\text{Cov}(X, Y) = \text{Cov}(Y, X)$；

(3) 设 a, b 为任意两个常数，则

$$\text{Cov}(aX, bY) = ab\text{Cov}(X, Y);$$

(4) $\text{Cov}(X_1 + X_2, Y) = \text{Cov}(X_1, Y) + \text{Cov}(X_2, Y)$；

(5) $[\text{Cov}(X, Y)]^2 \leqslant D(X)D(Y)$；

(6) 若 X 与 Y 相互独立，则 $\text{Cov}(X, Y) = 0$，反之不成立.

(7) $D(X \pm Y) = D(X) + D(Y) \pm 2\text{Cov}(X, Y)$.

定理 4.3.2　设 (X, Y) 为二维随机变量，则

(1) $|\rho| \leqslant 1$；

(2) $|\rho| = 1$ 的充要条件是存在常数 $a, b (a \neq 0)$，使得

$$P\{Y = aX + b\} = 1.$$

即 $\rho = 1$ 或 $\rho = -1$ 的充要条件是 X 与 Y 以概率 1 线性相关.

在上述定理中，当 $\rho = 1$ 时，$a > 0$；当 $\rho = -1$ 时，$a < 0$.

若随机变量 X 与 Y 独立，则

$$\text{Cov}(X, Y) = 0, 即相关系数 \rho = 0.$$

此时，X 与 Y 必不相关. 但是，反过来就不成立了，即 X, Y 不相关，却未必有 X 与 Y 独立，下面举两个例子来说明.

【例 4.12】　设 $\theta \sim U[-\pi, \pi]$，令 $X = \sin \theta, Y = \cos \theta$，试求 X 与 Y 的相关系数.

解　$E(X) = \frac{1}{2\pi}\int_{-\pi}^{\pi} \sin \theta \mathrm{d}\theta = 0, E(Y) = \frac{1}{2\pi}\int_{-\pi}^{\pi} \cos \theta \mathrm{d}\theta = 0,$

$$E(XY) = \frac{1}{2\pi}\int_{-\pi}^{\pi} \sin \theta \cos \theta \mathrm{d}\theta = \frac{1}{4\pi}\int_{-\pi}^{\pi} \sin 2\theta \mathrm{d}\theta = 0,$$

所以 $\mathrm{Cov}(X,Y)=0$，即相关系数 $\rho=0$.

但是 X,Y 不独立，这是因为 $X^2+Y^2=1$.

【例 4.13】 设 (X,Y) 服从单位圆域 $X^2+Y^2\leqslant1$ 上的均匀分布，证明：$\rho_{XY}=0$.

证明 $f(x,y)=\begin{cases} \dfrac{1}{\pi}, & (x,y)\in D, \\ 0, & (x,y)\notin D. \end{cases}$

$$E(X)=\iint\limits_{x^2+y^2\leqslant1}\frac{x}{\pi}\mathrm{d}x\mathrm{d}y$$

$$=\frac{1}{\pi}\int_{-1}^1\left(\int_{-\sqrt{1-y^2}}^{\sqrt{1-y^2}}x\mathrm{d}x\right)\mathrm{d}y=\int_{-1}^1 0\mathrm{d}y=0.$$

同样得 $E(Y)=0$.

$$E(XY)=\iint\limits_{x^2+y^2\leqslant1}\frac{xy}{\pi}\mathrm{d}x\mathrm{d}y$$

$$=\frac{1}{\pi}\int_{-1}^1 y\left(\int_{-\sqrt{1-y^2}}^{\sqrt{1-y^2}}x\mathrm{d}x\right)\mathrm{d}y=\int_{-1}^1 0\mathrm{d}y=0.$$

所以，$\mathrm{Cov}(X,Y)=E(XY)-E(X)E(Y)=0$，$\rho_{xy}=0$，故 X 与 Y 不相关. 但 X 与 Y 是有关系的.

习题 4

1. 设随机变量 X 的分布律为

X	-2	0	2
P_k	0.4	0.3	0.3

求 $E(X)$，$E(3X^2+5)$.

2. 设随机变量 X,Y 相互独立，且 $E(X)=E(Y)=3$，$D(X)=12$，$D(Y)=16$，求 $E(3X-2Y)$，$D(2X-3Y)$.

3. 已知 100 个产品中有 5 个次品，求任意取出的 10 个产品中的次品数的数学期望、方差.

4. 某人用 10 万元进行为期一年的投资，有两种投资方案：一是购买股票；二是存入银行获取利息. 买股票的收益取决于证券市场运行的规律，若市场处在牛市行情可获利 4 万元，在稳定中波动可获利 1 万元，市场处于熊市损失 2 万元. 如果存入银行，假设利率为 8%，可得利息 8 000 元. 设未来一年证券市场行情处在牛市、稳定波动、熊市的概率分别为 30%、50%、20%. 选择哪一种方案可使投资的效益较大？

5. 某个体户自己有一辆卡车，假设卡车一天内发生故障的概率是 0.1，车子发生故障则全天停工. 如果一周 5 个工作日均无故障，则可获利润 2 000 元；发生一次故障，可获利 1 000 元；发生两次故障，不获利也不亏损；而发生 3 次或 3 次以上的故障，则要亏损 1 000 元. 求该个体户每周的期望利润.

6. 某产品的次品率为 0.1，检验员每天检验 4 次，每次随机地抽取 10 件产品进行检验，如果发现其中的次品数多于 1，就去调整设备，以 X 表示一天中调整设备的次数，试求 X 的期

望.(设该产品是否是次品是相互独立的)

7.设 $D(X)=25,D(Y)=36,\rho_{XY}=0.4$,求 $D(X+Y)$ 及 $D(X-Y)$.

8.设随机变量 X 的概率密度为

$$f(x)=\begin{cases}x, & 0\leqslant x<1,\\2-x, & 1\leqslant x\leqslant 2,\\0, & 其他.\end{cases}$$

求 $E(X),D(X)$.

9.设随机变量 X 的概率密度为

$$f(x)=\begin{cases}\mathrm{e}^{-x}, & x>0,\\0, & 其他.\end{cases}$$

求:(1)$Y=2X$ 的数学期望;(2)$Y=\mathrm{e}^{-2X}$ 的数学期望.

10.设随机变量 X 的概率密度为

$$f(x)=\begin{cases}2x, & 0<x<1,\\0, & 其他.\end{cases}$$

求 $E(X)$ 和 $D(X)$.

11.一个水泥经销商用卡车装运水泥,设每袋水泥重量(以公斤计)服从 $N(50,2.5^2)$,问:最多装多少袋水泥使总重量超过 $2\,000$ 的概率不大于 0.05?

12.设随机变量 X_1,X_2 的概率密度分别为

$$f_1(x)=\begin{cases}2\mathrm{e}^{-2x}, & x>0,\\0, & x\leqslant 0;\end{cases}\qquad f_2(x)=\begin{cases}4\mathrm{e}^{-4x}, & x>0,\\0, & x\leqslant 0.\end{cases}$$

求:(1)$E(X_1+X_2),E(2X_1-3X_2^2)$;(2)又设 X_1,X_2 相互独立,求 $E(X_1X_2)$.

13.设随机变量 X 和 Y 的联合分布为:

Y＼X	-1	0	1
-1	$\frac{1}{8}$	$\frac{1}{8}$	$\frac{1}{8}$
0	$\frac{1}{8}$	0	$\frac{1}{8}$
1	$\frac{1}{8}$	$\frac{1}{8}$	$\frac{1}{8}$

(1)求 X 与 Y 的协方差;

(2)X 和 Y 是否相互独立?

14.设随机变量 X 与 Y 的相关系数为 $0.8,Z=X-0.7$,求 $\rho(Y,Z)$.

15.已知 $\rho(Y,Z)=0.5,E(X)=E(Y)=0,E(X^2)=E(Y^2)=2$,求 $E(X+Y)^2$.

客观题 4

一、填空题

1.设总体 X 服从指数分布 $E(\lambda),X_1,X_2,\cdots,X_n$ 是来自总体 X 的简单随机样本,$\bar{X}$ 为样本均值,则 $E(\bar{X})=$_____.

2. 设 X 服从参数为 λ 的指数分布，$E(X)=$ _____.

3. 已知随机变量 X 服从均匀分布 $U(1,5)$，Y 服从正态分布 $N(3,1)$，X 与 Y 相互独立，则 $E(XY)=$ _____.

4. 设 X 是一个随机变量，$E(X)=\mu$，$D(X)=\sigma^2$，令 $Y=\dfrac{X-\mu}{\sigma}$，则 $E(Y)=$ _____，$D(Y)=$ _____.

5. 设随机变量 X,Y 相互独立，且其密度函数分别为：$f(x)=\begin{cases} \dfrac{1}{2}\mathrm{e}^{-\frac{x}{2}}, & x>0, \\ 0, & x\leqslant 0; \end{cases}$ $f(y)=\begin{cases} \dfrac{1}{2}, & x\in[1,3], \\ 0, & \text{其他}. \end{cases}$ 则 $E(XY)=$ _____.

6. 若 $X\sim p(3)$，则 $E(3X-5)=$ _____.

7. 设随机变量 X 的密度函数为

$$f(x)=\frac{1}{\sqrt{72\pi}}\mathrm{e}^{-\frac{(x-9)^2}{72}},$$

则 $D(-2X+3)=$ _____.

8. 已知随机变量 X 服从泊松分布 $P(3)$，Y 服从指数分布 $E(3)$，X 与 Y 相互独立，则 $E(XY)=$ _____.

9. 设随机变量 ξ,η 的方差为 $D(\xi)=49$，$D(\eta)=64$，相关系数 $r_{\xi\eta}=0.8$，则 $D(\xi-\eta)=$ _____.

10. 设随机变量 ξ,η 的方差为 $D(\xi)=49$，$D(\eta)=64$，相关系数 $r_{\xi\eta}=0.8$，则 $D(\xi+\eta)=$ _____.

11. 设随机变量 $X\sim P(10.5)$，则方差 $D(X)=$ _____.

12. 已知随机变量 $X\sim B(n,p)$，$E(X)=12$，$D(X)=8$，则有 $p=$ _____.

二、选择题

1. 若随机变量 X 与 Y 独立，联合分布函数为 $F(X,Y)$，边缘分布分别为 $F_X(X)$，$F_Y(Y)$，则以下等式不成立的是（　　）.

A. $E(XY)=E(X)E(Y)$　　　　　　B. $F(X,Y)=F_X(X)F_Y(Y)$

C. $D(X-Y)=D(X)-D(Y)$　　　　D. $D(XY)=D(X)D(Y)$

2. 设 X,Y 为相互独立的两个随机变量，$X\sim N(2,18)$，$Y\sim E(2)$，则 $D(X-2Y)=$（　　）.

A. 19　　　　　　B. 17.5　　　　　　C. 17　　　　　　D. 6

3. 设随机变量 $X\sim U(4,6)$，X 的标准差是 σ，$Y\sim E(4)$（指数分布），则随机变量 $\dfrac{X-E(X)}{\sigma}+2Y$ 的数学期望等于（　　）.

A. 9　　　　　　B. 8　　　　　　C. 0　　　　　　D. $\dfrac{1}{2}$

4. 若 $X\sim B(n,p)$，则 X 的数学期望 $E(X)=$（　　）.

A. p　　　　　　B. $p(1-p)$　　　　　　C. np　　　　　　D. $np(1-p)$

5. 设随机变量 $X \sim N(1,9)$, $Y \sim U(0,9)$, X 与 Y 独立, 则随机变量 $X - E(Y) + 2Y$ 的数学期望等于(　　).

A. 10 　　　　　　 B. 9 　　　　　　 C. -9 　　　　　　 D. 18

6. 设随机变量 $X \sim N(1,9)$, 则随机变量 $X - 4$ 的方差等于(　　).

A. 13 　　　　　　 B. 1 　　　　　　 C. 9 　　　　　　 D. 5

7. 对于随机变量 X 的期望 $E(Y)$ 和方差 $D(X)$, 下列说法中正确的是(　　).

A. $E(X)$, $D(X)$ 均为非负数 　　　　 B. $E(X)$ 一定为非负数

C. $D(X)$ 一定为非负数 　　　　　　 D. $E(X)$, $D(X)$ 均不一定为非负数

8. 设 X, Y 为相互独立随机变量, $D(X) = 2$, $D(Y) = 1$, 则 $D(2X - 3Y) = ($　　$)$.

A. 1 　　　　　　 B. -1 　　　　　　 C. 17 　　　　　　 D. 不能确定

9. 对于随机变量 X 的期望 $E(X)$ 和方差 $D(X)$, 下列说法中正确的是(　　)

A. $E(X)$, $D(X)$ 均为非负数 　　　　 B. $E(X)$ 一定为非负数

C. $D(X)$ 一定为非负数 　　　　　　 D. $E(X)$, $D(X)$ 均不一定为非负数

10. 对任意随机变量 X 与 Y, 以下等式成立的是(　　).

A. $E(X - Y) = E(X) - E(Y)$ 　　　　 B. $E(XY) = E(X)E(Y)$

C. $D(X - Y) = D(X) + D(Y)$ 　　　　 D. $D(XY) = D(X)D(Y)$

11. 设随机变量 ξ 和 η 的方差存在且不等于 0, 则 $D(\xi + \eta) = D(\xi) + D(\eta)$ 是 ξ 和 η 的(　　).

A. 不相关的充分条件, 但不是必要条件 　　 B. 独立的充分条件, 但不是必要条件

C. 不相关的充分必要条件 　　　　　　 D. 独立的充分必要条件

12. 若随机变量 ξ 的分布密度为 $\varphi(x) = \dfrac{1}{2\sqrt{\pi}} e^{-\frac{x^2}{4}}$ $(-\infty < x < +\infty)$, 则 $D(\xi) = ($　　$)$.

A. 1 　　　　　　 B. 2 　　　　　　 C. $\sqrt{2}$ 　　　　　　 D. 4

三、是非题

1. 随机变量 X 的方差 $D(X)$ 越大, 说明随机变量 X 在其均值附近的波动程度越大.

　　　　　　　　　　　　　　　　　　　　　　　　　　　　　(　)

2. 若随机变量 X 和 Y 不相互独立, 则 $D(X + Y) = D(X) + D(Y)$. 　　(　)

3. 随机变量的数学期望都存在. 　　　　　　　　　　　　　　　(　)

4. 随机变量的方差都存在. 　　　　　　　　　　　　　　　　　(　)

5. 随机变量的方差存在, 但数学期望不一定存在. 　　　　　　　(　)

6. 股票回报率分布图的峰很高很尖, 说明这只股票价格波动很大, 有很多投资机会.

　　　　　　　　　　　　　　　　　　　　　　　　　　　　　(　)

第 5 章　大数定律与中心极限定理

在前面我们学习了频率与概率,历史上的统计学家对抛硬币做了随机试验,发现硬币出现正面的频率,当试验次数增长时,频率趋向于一个稳定值 1/2,这就是概率. 在计算平均值时,统计学家发现了另一个规律,数据的个数越多,这个平均值就稳定在一个数值的附近,这个事实可以用下面的大数定律来说明.

5.1　大数定律

5.1.1　大数定律的背景

设在一次观测中事件 A 发生的概率 $P(A)=p$,如果观测了 n 次(也就是一个 n 重伯努利试验),A 发生了 μ_n 次,则 A 在 n 次观测中发生的频率为 $\frac{\mu_n}{n}$,当 n 充分大时,频率 $\frac{\mu_n}{n}$ 逐渐稳定到概率 p. 设随机变量 X_i 表示第 i 次观测中事件 A 发生的次数,即

$$X_i=\begin{cases} 1, & \text{第 } i \text{ 次试验中 } A \text{ 发生,} \\ 0, & \text{第 } i \text{ 次试验中 } A \text{ 不发生.} \end{cases} \quad (i=1,2,\cdots,n)$$

则 $X_1,X_2,\cdots,X_n$ 是 n 个相互独立的随机变量,显然在 n 次试验中事件 A 发生的频数 $\mu_n=\sum_{i=1}^{n}X_i$,从而有 $\frac{\mu_n}{n}=\frac{1}{n}\sum_{i=1}^{n}X_i$. 因此"$\frac{\mu_n}{n}$ 稳定于 p",又可表述为 n 次观测结果的平均值稳定于 p,这可以描述为

$$\lim_{n\to\infty}\frac{\mu_n}{n}=p \tag{1}$$

亦即,是否对 $\forall\varepsilon>0$,$\exists N$,当 $n>N$ 时,有 $\left|\frac{\mu_n}{n}-p\right|<\varepsilon$. \tag{2}

上式对 n 重伯努里试验的所有样本点是否都成立? 我们发现在 n 次观测中事件 A 发生 n 次还是有可能的,此时 $\mu_n=n$,$\frac{\mu_n}{n}=1$,从而对 $0<\varepsilon<1-p$,不论 N 多么大,也不可能得到当 $n>N$ 时,有 $\left|\frac{\mu_n}{n}-p\right|<\varepsilon$ 成立. 也就是说,在个别场合下,事件"$\left|\frac{\mu_n}{n}-p\right|\geqslant\varepsilon$"还是有可能发生的. 不过当 n 很大时,事件"$\left|\frac{\mu_n}{n}-p\right|\geqslant\varepsilon$"发生的可能性很小. 例如,对上面的 $\mu_n=n$,有

$$P\left\{\frac{\mu_n}{n}=1\right\}=p^n.$$

显然,当 $n\to\infty$ 时,$P\left\{\frac{\mu_n}{n}=1\right\}=p^n\to0$,所以"$\frac{\mu_n}{n}$ 稳定于 p"是意味着对 $\forall\varepsilon>0$,有

$$\lim_{n\to\infty}P\left\{\left|\frac{\mu_n}{n}-p\right|\geqslant\varepsilon\right\}=0. \tag{3}$$

概率上，"$\dfrac{\mu_n}{n}$稳定于p"还有其他提法，如波雷尔建立了$P\left\{\lim\limits_{n\to\infty}\dfrac{\mu_n}{n}=p\right\}=1$，从而开创了另一形式的极限定理——大数定律的研究.

沿用前面的记号，式（3）可写成$\lim\limits_{n\to\infty}P\left\{\left|\dfrac{1}{n}\sum\limits_{i=1}^{n}X_i-p\right|\geqslant\varepsilon\right\}=0$.

一般地，设$X_1,X_2,\cdots,X_n,\cdots$是随机变量序列，$a$为常数. 如果对$\forall\varepsilon>0$，有

$$\lim_{n\to\infty}P\left\{\left|\frac{1}{n}\sum_{i=1}^{n}X_i-a\right|\geqslant\varepsilon\right\}=0, \tag{4}$$

即

$$\lim_{n\to\infty}P\left\{\left|\frac{1}{n}\sum_{i=1}^{n}X_i-a\right|<\varepsilon\right\}=1.$$

则称$\dfrac{1}{n}\sum\limits_{i=1}^{n}X_i$稳定于$a$.

在概率论中，关于大量随机现象之平均结果稳定性的定理，统称为大数定律.

5.1.2　大数定律的定义

定义 5.1　设$X_1,X_2,\cdots,X_n,\cdots$是随机变量序列，$a$是常数，如果对任意常数$\varepsilon$，有
$$\lim_{n\to\infty}P\{|X_n-a|<\varepsilon\}=1$$

成立，则称随机变量序列$\{X_n\}$依概率收敛于a，记为$X_n\xrightarrow{P}a$.

定义 5.2　设$X_1,X_2,\cdots,X_n,\cdots$是随机变量序列，如果存在数列$a_1,a_2,\cdots,a_n,\cdots$，使对$\forall\varepsilon>0$，有

$$\lim_{n\to\infty}P\left\{\left|\frac{1}{n}\sum_{i=1}^{n}X_i-a_n\right|<\varepsilon\right\}=1$$

成立，则称随机变量序列$\{X_n\}$服从大数定律.

若随机变量X_i具有数学期望$E(X_i),i=1,2,\cdots$，则大数定律的经典形式是：对$\forall\varepsilon>0$，有

$$\lim_{n\to\infty}P\left\{\left|\frac{1}{n}\sum_{i=1}^{n}X_i-\frac{1}{n}\sum_{i=1}^{n}E(X_i)\right|<\varepsilon\right\}=1.$$

这里常数列$a_n=\dfrac{1}{n}\sum\limits_{i=1}^{n}E(X),n=1,2,\cdots$.

大数定律与切比雪夫不等式有密切关系.

切比雪夫不等式　设随机变量x存在有限方差$D(X)$，则对任意$\varepsilon>0$，
$$P\{|X-E(X)|<\varepsilon\}\geqslant1-\frac{D(X)}{\varepsilon^2}.$$

证明　如果X是连续型随机变量，X的概率密度为$f(x)$，则

$$P\{|X-E(X)|\geqslant\varepsilon\}=\int_{|x-E(X)|\geqslant\varepsilon}f(x)\mathrm{d}x\leqslant$$
$$\int_{|x-E(X)|\geqslant\varepsilon}\frac{|x-E(X)|}{\varepsilon^2}f(x)\mathrm{d}x\leqslant$$

$$\frac{1}{\varepsilon^2}\int_{-\infty}^{+\infty}[x-E(X)]^2 f(x)\mathrm{d}x=\frac{D(X)}{\varepsilon^2},$$

因此

$$P\{\,|\,X-E(X)\,|<\varepsilon\}\geqslant 1-\frac{D(X)}{\varepsilon^2}.$$

【例 5.1】 在 n 重伯努里试验中,已知每次试验事件 A 出现的概率为 0.75,试利用切比雪夫不等式估计 n,使 A 出现的频率在 0.74 至 0.76 之间的概率不小于 0.90.

解 设在 n 重伯努里试验中,事件 A 出现的次数为 X,则 $X\sim b(n,0.75)$,有 $E(X)=np=0.75n$,$D(X)=npq=0.187\ 5n$,又 $f_n(A)=\dfrac{X}{n}$,

$$P\left\{0.74<\frac{X}{n}<0.76\right\}=P\{\,|\,X-0.75n\,|<0.01n\}\geqslant 1-\frac{0.187\ 5n}{(0.01n)^2}$$

$$=1-\frac{187\ 5}{n}\geqslant 0.90\Rightarrow n\geqslant 18\ 750.$$

利用切比雪夫不等式可证明一系列的大数定律. 设 $X_1,X_2,\cdots,X_n,\cdots$ 是一随机变量序列,我们总假定 $E(X_i),i=1,2,\cdots$ 存在.

定理 5.1(马尔可夫大数定律)　如果随机变量序列 $\{X_n\}$,当 $n\to\infty$ 时,有

$$\frac{1}{n^2}D\Big(\sum_{i=1}^n X_i\Big)\to 0, \tag{5}$$

则 $\{X_n\}$ 服从大数定律,即

$$\lim_{n\to\infty}P\left\{\left|\frac{1}{n}\sum_{i=1}^n X_i-\frac{1}{n}\sum_{i=1}^n E(X_i)\right|<\varepsilon\right\}=1.$$

证明 对 $\forall\varepsilon>0$,由切比雪夫不等式,有

$$0\leqslant P\left\{\left|\frac{1}{n}\sum_{i=1}^n X_i-\frac{1}{n}\sum_{i=1}^n E(X_i)\right|\geqslant\varepsilon\right\}=P\left\{\left|\frac{1}{n}\sum_{i=1}^n X_i-E\Big(\frac{1}{n}\sum_{i=1}^n X_i\Big)\right|\geqslant\varepsilon\right\}\leqslant$$

$$\frac{1}{\varepsilon^2}D\Big(\frac{1}{n}\sum_{i=1}^n X_i\Big)=\frac{1}{n^2\varepsilon^2}D\Big(\sum_{i=1}^n X_i\Big)\to 0,n\to\infty.$$

因此

$$\lim_{n\to\infty}P\left\{\left|\frac{1}{n}\sum_{i=1}^n X_i-\frac{1}{n}\sum_{i=1}^n E(X_i)\right|\geqslant\varepsilon\right\}=0,$$

即

$$\lim_{n\to\infty}P\left\{\left|\frac{1}{n}\sum_{i=1}^n X_i-\frac{1}{n}\sum_{i=1}^n E(X_i)\right|<\varepsilon\right\}=1.$$

故 $\{X_n\}$ 服从大数定律.

此大数定律称为马尔可夫大数定律,式(5)称为马尔可夫条件.

定理 5.2(切比雪夫大数定律)　设 $X_1,X_2,\cdots,X_n,\cdots$ 是一列独立随机变量列,若存在常数 $C>0$,使有

$$D(X_i)\leqslant C,i=1,2,\cdots,$$

则随机变量序列 $\{X_n\}$ 服从大数定律,即对 $\forall\varepsilon>0$,有

$$\lim_{n\to\infty}P\left\{\left|\frac{1}{n}\sum_{i=1}^n X_i-\frac{1}{n}\sum_{i=1}^n E(X_i)\right|<\varepsilon\right\}=1.$$

证明　因为 $\{X_i\}$ 为独立随机变量列,且由它们的方差有界即可得到

$$0 \leqslant D\left(\sum_{i=1}^{n} X_i\right) = \sum_{i=1}^{n} D(X_i) \leqslant nc,$$

从而有

$$\frac{1}{n^2} D\left(\sum_{i=1}^{n} X_i\right) \to 0, n \to \infty.$$

满足马尔可夫条件,因此由马尔可夫大数定律,有

$$\lim_{n \to \infty} P\left\{ \left| \frac{1}{n} \sum_{i=1}^{n} X_i - \frac{1}{n} \sum_{i=1}^{n} E(X_i) \right| < \varepsilon \right\} = 1.$$

注:切比雪夫大数定律是马尔可夫大数定律的特例.

【例 5.2】　设 $X_1, X_2, \cdots$ 为独立同分布随机变量序列,均服从参数为 λ 的泊松分布,则由独立性及 $E(X_i) = \lambda, D(X_i) = \lambda, i = 1, 2, \cdots$ 知其满足定理 5.2 的条件,因此有

$$\lim_{n \to \infty} P\left\{ \left| \frac{1}{n} \sum_{i=1}^{n} X_i - \lambda \right| < \varepsilon \right\} = 1.$$

注:此例题也可直接验证它满足马尔可夫条件.

定理 5.3(伯努利定理或伯努利大数定律)　设 μ_n 是 n 重伯努利试验中事件 A 出现的次数,又 A 在每次试验中出现的概率为 $p(0 < p < 1)$,则对 $\forall \varepsilon > 0$,有

$$\lim_{n \to \infty} P\left\{ \left| \frac{\mu_n}{n} - p \right| < \varepsilon \right\} = 1.$$

证明　令 $X_i = \begin{cases} 1, & \text{第 } i \text{ 次试验中 } A \text{ 发生,} \\ 0, & \text{第 } i \text{ 次试验中 } A \text{ 不发生.} \end{cases}$ $(i = 1, 2, \cdots, n)$

显然 $\mu_n = \sum_{i=1}^{n} X_i$.

由定理条件,$X_i (i = 1, 2, \cdots, n)$ 独立同分布(均服从二点分布).且 $E(X_i) = p, D(X_i) = p(1-p)$,都是常数,从而方差有界.

由切比雪夫大数定律,有

$$\lim_{n \to \infty} P\left\{ \left| \frac{\mu_n}{n} - p \right| < \varepsilon \right\} = \lim_{n \to \infty} P\left\{ \left| \frac{1}{n} \sum_{i=1}^{n} X_i - p \right| < \varepsilon \right\} = 1.$$

伯努利大数定律的数学意义:伯努利大数定律阐述了频率稳定性的含义,当 n 充分大时可以接近 1 的概率断言,$\dfrac{\mu_n}{n}$ 将落在以 p 为中心的 ε 内. 伯努利大数定律为用频率估计概率 $\left(p \approx \dfrac{\mu_n}{n}\right)$ 提供了理论依据.

此定理的证明也可直接验证它满足马尔可夫条件. 伯努利大数定律是切比雪夫大数定律的特例,是 1713 年由伯努利提出的概率极限定理中的第一个大数定律.

以上大数定律的证明是以切比雪夫不等式为基础的,所以要求随机变量的方差存在,通过进一步研究,我们发现方差存在这个条件并不是必要条件.

定理 5.4(辛钦大数定律)　设 $X_1, X_2, \cdots$ 是一列独立同分布的随机变量,且数学期望存在 $E(X_i) = a, i = 1, 2, \cdots$,则对 $\forall \varepsilon > 0$,有

$$\lim_{n \to \infty} P\left\{ \left| \frac{1}{n} \sum_{i=1}^{n} X_i - a \right| < \varepsilon \right\} = 1$$

成立.

　　伯努利大数定律是辛钦大数定律的特例.

　　辛钦大数定律的数学意义:辛钦大数定律为实际生活中经常采用的算术平均值法提供了理论依据.它断言:如果诸 X_i 是具有数学期望、相互独立、同分布的随机变量,则当 n 充分大时,算术平均值 $\dfrac{X_1+X_2+\cdots+X_n}{n}$ 一定以接近 1 的概率落在真值 a 的任意小的邻域内.据此,如果测量一个物体的某指标值 a,则可以独立重复地测量 n 次,得到一组数据:$x_1,x_2,\cdots,x_n$,当 n 充分大时,可以确信 $a\approx\dfrac{x_1+x_2+\cdots+x_n}{n}$,且把它作为 a 的近似值,比一次测量作为 a 的近似值要精确很多,因 $E(X_i)=a$,$E\left(\dfrac{1}{n}\sum\limits_{i=1}^{n}X_i\right)=a$;但 $D(X_i)=\sigma^2$,$D\left(\dfrac{1}{n}\sum\limits_{i=1}^{n}X_i\right)=\dfrac{\sigma^2}{n}$,即 $\dfrac{1}{n}\sum\limits_{i=1}^{n}X_i$ 关于 a 的偏差程度是一次测量的偏差程度的 $\dfrac{1}{n}$,n 越大,偏差越小.

　　辛钦大数定律也是数理统计学中参数估计理论的基础,通过第 6 章的学习,我们对它的理解会有更深入的认识.

　　【例 5.3】　设随机变量 $X_1,X_2,\cdots,X_n,\cdots$ 相互独立同分布,且 $E(X_n)=0$,求

$$\lim_{n\to\infty}P\left\{\sum_{i=1}^{n}X_i<n\right\}.$$

　　解　由辛钦大数定律有($\varepsilon=1$)

$$\lim_{n\to\infty}P\left\{\left|\frac{1}{n}\sum_{i=1}^{n}X_i-0\right|<1\right\}=1.$$

　　即

$$\lim_{n\to\infty}P\left\{\left|\frac{1}{n}\sum_{i=1}^{n}X_i\right|<1\right\}=1.$$

　　由于

$$\left\{\sum_{i=1}^{n}X_i<n\right\}\supset\left\{\left|\frac{1}{n}\sum_{i=1}^{n}X_i\right|<1\right\},$$

故

$$\lim_{n\to\infty}P\left\{\sum_{i=1}^{n}X_i<n\right\}\geqslant\lim_{n\to\infty}P\left\{\left|\frac{1}{n}\sum_{i=1}^{n}X_i\right|<1\right\}=1.$$

$$\lim_{n\to\infty}P\left\{\sum_{i=1}^{n}X_i<n\right\}=1.$$

　　【例 5.4】　设 $\{X_n\}$ 独立同分布,且 $E(X_n^k)$ 存在,则 $\{X_n^k\}$ 也服从大数定律.

　　证明　因为 $\{X_n\}$ 独立同分布,所以 $\{X_n^k\}$ 也独立同分布;又 $E(X_n^k)$ 存在,故由辛钦大数定律知,$\{X_n^k\}$ 服从大数定律.

5.1.3　大数定律的应用

1. 在误差领域的应用

　　【例 5.5】　某种仪器测量已知量 A 时,设 n 次独立得到的测量数据为 $X_1,X_2,\cdots,X_n$,如果仪器无系统误差,则当 n 充分大时,能否取 $\dfrac{1}{n}\sum\limits_{i=1}^{n}(X_i-A)^2$ 作为仪器测量误差的方差的近似值?

　　解　把 X_i 视为 n 个独立同分布的随机变量 $X_i(i=1,2,\cdots,n)$ 的观察值,则 $E(X_i)=\mu$,$D(X_i)=\sigma^2(i=1,2,\cdots,n)$.仪器第 i 次测量的误差 X_i-A 的数学期望 $E(X_i-A)=\mu-A$,方

差 $D(X_i - A) = \sigma^2$.

设 $Y_i = (X_i - A)^2 (i = 1, 2, \cdots, n)$，则 Y_i 也是互相独立同分布. 在仪器无系统误差时，$E(X_i - A) = 0$，即有 $\mu = A$.

$$E(Y_i) = E(X_i - A)^2 = E[X_i - E(X_i)]^2 = D(Y_i) = \sigma^2 (i = 1, 2, \cdots, n).$$

由切比雪夫大数定律可知

$$\lim_{n \to \infty} P\left\{ \left| \frac{1}{n} \sum_{i=1}^{n} Y_i - \sigma^2 \right| < \varepsilon \right\} = 1,$$

即

$$\lim_{n \to \infty} P\left\{ \left| \frac{1}{n} \sum_{i=1}^{n} (x_i - A) - \sigma^2 \right| < \varepsilon \right\} = 1.$$

可见，当 $n \to \infty$ 时，随机变量 $\frac{1}{n} \sum_{i=1}^{n} (x_i - A)^2$ 依概率收敛于 σ^2，故当 n 充分大时，我们可以取 $\frac{1}{n} \sum_{i=1}^{n} (x_i - A)^2$ 作为仪器测量误差的方差.

【例 5.6】　已知某零件长度为 100，用仪器测量 30 次，得到以下测量数据：

99. 662	101. 634	100. 091	100. 396	101. 752
102. 446	100. 252	100. 845	99. 139	101. 493
100. 022	99. 805	100. 242	98. 812	99. 493
100. 391	98. 586	101. 415	101. 249	101. 052
99. 235	99. 849	100. 662	101. 004	99. 386
100. 248	101. 462	100. 303	100. 462	99. 108

计算仪器测量误差的方差近似值.

R 编程实现：

```
l = c(99.662, 101.634, 100.091, 100.396, 101.752, 102.446, 100.252, 100.845, 99.139, 101.493, 100.022, 99.805, 100.242, 98.812, 99.493, 100.391, 98.586, 101.415, 101.249, 101.052, 99.235, 99.849, 100.662, 101.004, 99.386, 100.248, 101.462, 100.303, 100.462, 99.108)
A = 100
err< - sd(1 - A)
[1] 0.9540338
```

2. 在分布未知的情况下估计随机变量的数学期望和方差

设 ξ 及 $\{\xi_i\}$ 都是随机变量，当样本容量 n 充分大时，有

$$\frac{1}{n} \sum_{i=1}^{n} \xi_i \xrightarrow{p} E(\xi), \quad \frac{1}{n} \sum_{i=1}^{n} \xi_i^2 \xrightarrow{p} E(\xi^2);$$

$$\frac{1}{n} \sum_{i=1}^{n} \xi_i^2 - \left(\frac{1}{n} \sum_{i=1}^{n} \xi_i \right)^2 \xrightarrow{p} E(\xi^2) - [E(\xi)]^2 = D(\xi).$$

当 n 足够大时，我们不必去管 X 的分布究竟是怎样，可以用样本均值和样本方差来估计总体的均值和方差.

事实上，我们在实际生活中经常使用观察值的平均去作为随机变量的均值. 譬如，用观察到的某地区 5 000 个人的平均寿命作为该地区的人均寿命的近似值是合适的，这样做的依据

就是辛钦大数定律.

【例 5.7】　对某个篮球运动员记录其在一次比赛中投篮命中与否,命中记为 1,不中记为 0,观测数据如下:

$$1\ 1\ 0\ 1\ 0\ 0\ 1\ 0\ 1\ 1\ 1\ 0\ 1\ 1\ 0\ 1$$
$$0\ 0\ 1\ 0\ 1\ 0\ 1\ 0\ 0\ 1\ 1\ 0\ 1\ 1\ 0\ 1$$

编写相应的 R 函数估计这个篮球运动员投篮的成败比.

解　投篮 1 次,命中情况服从两点分布. 若每次命中的概率为 p,则命中的数学期望为 p. R 编程实现:

```
>X<-c(1,1,0,1,0,0,1,0,1,1,1,0,1,1,0,1,0,0,1,0,1,0,1,0,0,1,1,0,1,1,0,1)
>theta<-mean(X)  #用观测值的均值作为数学期望
>t<-theta/(1-theta)  #成败比
>t
[1]1.285714
```

因此,这个运动员投篮的成败比估计值为 1.285 714.

3. 在分布已知时对分布的未知参数进行矩法估计

由辛钦大数定律和科尔莫哥洛夫强大数定理知,如果总体 X 的 k 阶矩存在,则样本的 k 阶矩以概率收敛到总体的 k 阶矩,样本矩的连续函数收敛到总体矩的连续函数. 因此,我们可以用样本矩作为总体矩的估计量. 这种用相应的样本矩去估计总体矩的估计方法就称为矩估计法(具体思路见第 6 章).

设 $X_1, X_2, \cdots, X_n$ 为来自某总体 X 的一个样本,样本的 k 阶原点矩为

$$A_k = \frac{1}{n} \sum_{k=1}^{n} X_k, k = 1, 2, \cdots, n.$$

如果总体 X 的 k 阶原点矩存在 $E(X^k)$,按矩法估计的思想,可用 A_k 去估计 $\mu_k : \mu_k = E(X^k)$.

5.2　中心极限定理

正态分布在自然界中极为常见,在数理统计学中发挥了重要作用. 为什么实际上有许多随机现象会遵循正态分布? 这仅仅是一些人的经验猜测还是确有理论依据? 本章学习的中心极限定理将使我们明白中心极限定理在数理统计中所处的地位. 概率论中有关论证随机变量之和的极限分布为正态分布的定理称为中心极限定理,在长达两个世纪的时间里,中心极限定理已成为概率论讨论的中心课题,因此得到了中心极限定理的名称.

5.2.1　中心极限定理的概念

设 $\{X_n\}$ 是相互独立的随机变量序列,且 $E(X_n), D(X_n), n = 1, 2, \cdots$ 均存在,称

$$Y_n = \frac{\sum\limits_{k=1}^{n} X_k - \sum\limits_{k=1}^{n} E(X_k)}{\sqrt{\sum\limits_{k=1}^{n} D(X_k)}}$$

为 $\{X_n\}$ 的规范和.

概率论中,一切关于随机变量序列规范和的极限分布是标准正态分布的定理统称为中心极限定理,即设 $\{X_n\}$ 的规范和为 Y_n,有

$$\lim_{n\to\infty}P\{Y_n<x\}=\frac{1}{\sqrt{2\pi}}\int_{-\infty}^{x}\mathrm{e}^{-\frac{t^2}{2}}\mathrm{d}t,$$

则称 $\{X_n\}$ 服从中心极限定理.

中心极限定理实质上为随机变量 $\dfrac{\sum\limits_{k=1}^{n}X_k-E\left(\sum\limits_{k=1}^{n}X_k\right)}{\sqrt{D\left(\sum\limits_{k=1}^{n}X_k\right)}}$,近似服从标准正态分布 $N(0,1)$.

5.2.2　独立同分布中心极限定理

大数定律仅仅从定性的角度解决了频率 $\dfrac{\mu_n}{n}$ 稳定于概率 p,即 $\dfrac{\mu_n}{n}\xrightarrow{P}p$. 为了定量地估计,用

频率 $\dfrac{\mu_n}{n}$ 估计概率 p 的误差,历史上德莫佛—拉普拉斯在 1733 年给出了概率论上第一个中心极

限定理,这个定理证明了 μ_n 的标准化随机变量渐近于 $N(0,1)$ 分布.

定理 5.5(德莫佛—拉普拉斯极限定理)　在 n 重伯努里试验中,事件 A 在每次试验中出现的概率为 $p(0<p<1)$,μ_n 为 n 次试验中事件 A 发生的次数,则

$$\lim_{n\to\infty}P\left\{\frac{\mu_n-np}{\sqrt{npq}}<x\right\}=\frac{1}{\sqrt{2\pi}}\int_{-\infty}^{x}\mathrm{e}^{-\frac{t^2}{2}}\mathrm{d}t.$$

定理 5.9 说明当样本量较大时,$\dfrac{\mu_n-np}{\sqrt{npq}}$ 近似服从 $N(0,1)$,从而 μ_n 近似服从 $N(np,npq)$.

又 μ_n 服从二项分布 $B(n,p)$,所以定理 4.5 也称为二项分布的正态近似或二项分布收敛于正态分布.

在第 2 章,泊松定理也被说成"二项分布收敛于泊松分布". 同样一列二项分布,一个定理说是收敛于泊松分布,另一个定理又说是收敛于正态分布,两者有矛盾吗? 请仔细比较两个定理的条件和结论,发现其中并无矛盾之处. 这里应该指出的是在定理 5.9 中 $np\to\infty$,而泊松定理中则要求 $np_n\to\lambda(\lambda<\infty)$. 所以在实际问题中作近似计算时,如果 n 很大,np 不大或 nq 不大(即 p 很小或 $q=1-p$ 很小),则应该利用泊松定理;反之,若 n,np,nq 都较大,则应该利用定理 5.5.

定理 5.6(林德贝尔格—勒维极限定理)　设 $\xi_1,\xi_2,\cdots$ 是一列独立同分布的随机变量,且

$$E(\xi_k)=a,D(\xi_k)=\sigma^2(\sigma^2>0)(k=1,2,\cdots),$$

则有

$$\lim_{n\to\infty}P\left\{\frac{\sum\limits_{k=1}^{n}\xi_k-na}{\sigma\sqrt{n}}<x\right\}=\frac{1}{\sqrt{2\pi}}\int_{-\infty}^{x}\mathrm{e}^{-\frac{t^2}{2}}\mathrm{d}t.$$

德莫佛—拉普拉斯极限定理是林德贝尔格—勒维极限定理的特例.

证明　设 ξ_k-a 的特征函数为 $\varphi(t)$,则

$$\frac{\sum\limits_{k=1}^{n} \xi_k - na}{\sigma \sqrt{n}} = \sum_{k=1}^{n} \frac{\xi_k - a}{\sigma \sqrt{n}}$$

的特征函数为

$$\left[\varphi\left(\frac{t}{\sigma \sqrt{n}}\right) \right]^n.$$

又因为

$$E(\xi_k - a) = 0, D(\xi_k - a) = \sigma^2,$$

所以

$$\varphi'(0) = 0, \varphi''(0) = -\sigma^2.$$

于是特征函数 $\varphi(t)$ 有展开式

$$\varphi(t) = \varphi(0) + \varphi'(0)t + \varphi''(0)\frac{t^2}{2} + o(t^2) = 1 - \frac{1}{2}\sigma^2 t^2 + o(t^2).$$

从而对任意固定的 t,有

$$\left[\varphi\left(\frac{t}{\sigma \sqrt{n}}\right) \right]^n = \left[1 - \frac{t^2}{2n} + o\left(\frac{t^2}{\sigma^2 n}\right) \right]^n \to e^{-\frac{t^2}{2}}, n \to \infty,$$

又 $e^{-\frac{t^2}{2}}$ 是 $N(0,1)$ 分布的特征函数,由定理 4.7 有

$$\lim_{n \to \infty} P\left\{ \frac{\sum\limits_{k=1}^{n} \xi_k - na}{\sigma \sqrt{n}} < x \right\} = \frac{1}{\sqrt{2\pi}} \int_{-\infty}^{x} e^{-\frac{t^2}{2}} \mathrm{d}t.$$

注:定理 5.9 表明:当 n 充分大时,$\xi_n = \dfrac{\sum\limits_{k=1}^{n} \xi_k - na}{\sigma \sqrt{n}}$ 的分布近似于 $N(0,1)$,从而 $\xi_1 + \xi_2 + \cdots + \xi_n = na + \sigma \sqrt{n} \xi_n$ 具有近似分布 $N(na, n\sigma^2)$. 这意味大量相互独立、同分布且存在方差的随机变量之和近似服从正态分布. 该结论在数理统计的大样本理论中有广泛应用,同时提供了计算独立同分布随机变量之和的近似概率的简便方法.

5.2.3　中心极限定理的应用

1. 二项分布的概率近似计算

设 μ_n 是 n 重伯努里试验中事件 A 发生的次数,则 $\mu_n \sim B(n,p)$,对任意 $a < b$,有 $P\{a \leqslant \mu_n < b\} = \sum\limits_{a \leqslant k < b} C_k^k p^k (1-p)^{n-k}$.

当 n 很大时,直接计算很困难. 这时如果 np 不大(即 p 较小接近于 0)或 $n(1-p)$ 不大(即 p 接近于 1),则用泊松定理来近似计算(np 大小适中).

当 p 不太接近于 0 或 1 时,可用正态分布来近似计算(np 较大):

$$P\{a \leqslant \mu_n < b\} = P\left\{ \frac{a-np}{\sqrt{npq}} \leqslant \frac{\mu_n-np}{\sqrt{npq}} < \frac{b-np}{\sqrt{npq}} \right\} \approx \Phi\left(\frac{b-np}{\sqrt{npq}}\right) - \Phi\left(\frac{a-np}{\sqrt{npq}}\right).$$

【例 5.8】　在一家保险公司里有 10 000 个人参加保险,每人每年付 12 元保险费. 在一年内一个人死亡的概率为 0.006,死亡时其家属可向保险公司领得 1 000 元,问:

（1）保险公司亏本的概率多大？

（2）保险公司一年的利润不少于 40 000 元的概率为多大？

解　令

$$X_i = \begin{cases} 1, \text{第 } i \text{ 个人在一年内死亡}, \\ 0, \text{第 } i \text{ 个人在一年内活着}. \end{cases}$$

则 $P\{X_i = 1\} = 0.006 = p$，$\eta_n = \sum\limits_{i=1}^{n} X_i$ 是一年死亡人数，$\eta_n \sim B(10\ 000, 0.006)$

（1）关于这项保险，保险公司一年的总收入为 120 000 元，若保险公司亏本，则

$$120\ 000 - 1\ 000\ \eta_n < 0,$$

$$\eta_n > 120,$$

即一年中死亡人数 >120.

$n = 10\ 000$ 已足够大，$np = 60$ 较大，于是由德莫佛—拉普拉斯中心极限定理可得欲求事件的概率.

$$P(\eta_n > 120) = 1 - P\left\{\frac{\eta_n - np}{\sqrt{npq}} \leqslant \frac{120 - np}{\sqrt{npq}} = b\right\} \approx 1 - \frac{1}{\sqrt{2\pi}} \int_{-\infty}^{b} e^{-\frac{x^2}{2}} \mathrm{d}x \approx 0. \left(\text{其中 } b \approx \frac{60}{7.723}\right)$$

（2）若公司利润不小于 40 000 元，则

$$120\ 000 - 1\ 000\ \eta_n \geqslant 40\ 000,$$

$$\eta_n \leqslant 80.$$

若一年中死亡人数 $\leqslant 80$，则利润 $\geqslant 40\ 000$ 元.

与（1）类似，可求得

$$P\{\eta_n \leqslant 80\} \approx 0.995（\text{对应的 } b \approx 2.59）.$$

R 编程实现：

```
y1 = 120
n = 10000
p = 0.006
q = 1 - p
b = (y1 - n * p)/sqrt(n * p * q)
pval = 1 - pnorm(b, 0, 1)
pval
[1] 3.996803e - 15      #约等于 0


y2 = 80
n = 10000
p = 0.006
q = 1 - p
b = (y2 - n * p)/sqrt(n * p * q)
pval = pnorm(b, 0, 1)
pval
[1] 0.995198  #约等于 0.995
```

【例 5.9】 某单位内部有 260 架电话分机，每个分机有 4% 的时间要用外线通话. 可以认

为各个电话分机用不同外线是相互独立的. 问：总机需备多少条外线才能以 95% 的把握保证各个分机在使用外线时不必等候？

解　由题意，任意一个分机或使用外线或不使用外线只有两种可能结果，且使用外线的概率 $p=0.04$，260 个分机中同时使用外线的分机数 $\mu_{260} \sim B(260,0.04)$.

设总机确定的最少外线条数为 x，则有 $P\{\mu_{260} \leqslant x\} \geqslant 0.95$.

由于 $n=260$ 较大，故由德莫佛—拉普拉斯定理，有

$$P\{\mu_{260} \leqslant x\} \approx \Phi\left(\frac{x-260p}{\sqrt{260pq}}\right) \geqslant 0.95.$$

查正态分布表可知

$$\frac{x-260p}{\sqrt{260pq}} \geqslant 1.65,$$

$$x \geqslant 260p + 1.65\sqrt{260pq},$$

解得

$$x \geqslant 16.$$

所以，总机至少备有 16 条外线，才能以 95% 的把握保证各个分机使用外线时不必等候.

R 编程实现：

```
n = 260
p = 0.04
q = 1 − p
x = round(qnorm(0.95) * sqrt(n * p * q) + n * p)
x
[1] 16
```

2. 用频率估计概率的误差估计

由伯努利大数定律

$$\lim_{n \to \infty} P\left\{\left|\frac{\mu_n}{n} - p\right| \geqslant \varepsilon\right\} = 0,$$

那么对给定的 ε 和较大的 n，

$$P\left\{\left|\frac{\mu_n}{n} - p\right| \geqslant \varepsilon\right\}$$

究竟有多大？

对充分大的 n，

$$P\left\{\left|\frac{\mu_n}{n} - p\right| < \varepsilon\right\} = P\left\{\left|\frac{\mu_n - np}{\sqrt{npq}}\right| < \varepsilon\sqrt{\frac{n}{pq}}\right\}$$

$$\approx \Phi\left(\varepsilon\sqrt{\frac{n}{pq}}\right) - \Phi\left(-\varepsilon\sqrt{\frac{n}{pq}}\right) = 2\Phi\left(\varepsilon\sqrt{\frac{n}{pq}}\right) - 1.$$

故

$$P\left\{\left|\frac{\mu_n}{n} - p\right| \geqslant \varepsilon\right\} = 1 - P\left\{\left|\frac{\mu_n}{n} - p\right| < \varepsilon\right\} \approx 2\left[1 - \Phi\left(\varepsilon\sqrt{\frac{n}{pq}}\right)\right].$$

由此可知，德莫佛—拉普拉斯极限定理比伯努利大数定律更精细，也更有用.

R 编程实现：

```
n = 1000
p = 0.5
q = 1 - p
e = 0.05
err = 2 * (1 - pnorm(e * sqrt(n/(p * q))))
err
[1] 0.001565402
```

【例 5.10】 重复掷一枚质地不均匀的硬币,设在每次试验中出现正面的概率 p 未知. 问:要掷多少次才能使出现正面的频率与 p 相差不超过 $\dfrac{1}{100}$ 的概率达 95% 以上?

解　依题意,欲求 n,使

$$P\left\{\left|\frac{\mu_n}{n} - p\right| \leqslant \frac{1}{100}\right\} \geqslant 0.95,$$

$$P\left\{\left|\frac{\mu_n}{n} - p\right| \leqslant \frac{1}{100}\right\} = 2\Phi\left(0.01\sqrt{\frac{n}{pq}}\right) - 1 \geqslant 0.95,$$

$$\Phi\left(0.01\sqrt{\frac{n}{pq}}\right) \geqslant 0.975,$$

$$0.01\sqrt{\frac{n}{pq}} \geqslant 1.96,$$

$$n^2 \geqslant 196^2 pq,$$

因为　　　　　　　　　　　　$pq \leqslant \dfrac{1}{4},$

所以　　　　　　　　　　　　$n \geqslant 196^2 \times \dfrac{1}{4} = 9\,604.$

所以,掷硬币 9 604 次以上就能保证出现正面的频率与概率之差不超过 $\dfrac{1}{100}$.

R 编程实现:

```
e = 1/100
pq = 1/4    # pq < = 1/4
n = round(pq * (qnorm((0.95 + 1)/2)/e)^2)
n
[1] 9604
```

习题 5

(注:解答下列习题,给出算法过程,并用 R 编程实现)

1. 假设一条生产线生产的产品合格率是 0.8. 要使一批产品的合格率达到在 76%~84% 的概率不小于 90%,问:这批产品至少要生产多少件?

2. 某车间有同型号机床 200 部,每部机床开动的概率为 0.7,假定各机床开动与否互不影响,开动时每部机床消耗电能 15 个单位. 问:至少供应多少单位电能才可以 95% 的概率保证不致因供电不足而影响生产.

3. 一加法器同时收到 20 个噪声电压 $V_k(k=1,2,\cdots,20)$，设它们是相互独立的随机变量，且都在区间 $(0,10)$ 内服从均匀分布. 记 $V=\sum_{k=1}^{20}V_k$，求 $P\{V>105\}$ 的近似值.

4. 有一批建筑房屋用的木柱，其中 80% 的长度不小于 3 m. 现从这批木柱中随机地取出 100 根，问：其中至少有 30 根短于 3 m 的概率是多少？

5. 某药厂断言，该厂生产的某种药品对于医治一种疑难的血液病的治愈率为 0.8. 医院检验员任意抽查 100 个服用此药品的病人，如果其中多于 75 人被治愈，就接受这一断言，否则就拒绝这一断言.

(1)若实际上此药品对这种疾病的治愈率是 0.8，问：接受这一断言的概率是多少？

(2)若实际上此药品对这种疾病的治愈率是 0.7，问：接受这一断言的概率是多少？

6. 用德莫佛—拉普拉斯中心极限定理近似计算从一批废品率为 0.05 的产品中，任取 1 000 件，其中有 20 件废品的概率.

7. 对于一位学生而言，来参加家长会的家长人数是一个随机变量，设一位学生无家长、1 名家长、2 名家长来参加会议的概率分别为 0.05、0.8、0.15. 若学校共有 400 名学生，设各学生参加会议的家长数相互独立，且服从同一分布. 求：

(1)参加会议的家长数 X 超过 450 的概率？

(2)有 1 名家长来参加会议的学生数不多于 340 的概率.

8. 设男孩出生率为 0.515，求在 10 000 个新生婴儿中女孩不少于男孩的概率.

9. 设有 1 000 个人独立行动，每个人能够按时进入掩蔽体的概率为 0.9. 以 95% 概率估计，在一次行动中：

(1)至少有多少个人能够进入？

(2)至多有多少人能够进入？

10. 在一个保险公司里有 10 000 人参加保险，每人每年付 12 元保险费，在一年内一个人死亡的概率为 0.006，死亡者的家属可向保险公司领得 1 000 元赔偿费. 求：

(1)保险公司没有利润的概率为多大？

(2)保险公司一年的利润不少于 60 000 元的概率为多大？

11. 设随机变量 X 和 Y 的数学期望都是 2，方差分别为 1 和 4，而相关系数为 0.5，试根据切比雪夫不等式给出 $P\{|X-Y|\geqslant 6\}$ 的估计.（2001 年研考）

12. 某保险公司多年统计资料表明，在索赔户中，被盗索赔户占 20%，以 X 表示在随机抽查的 100 个索赔户中，因被盗向保险公司索赔的户数.

(1)写出 X 的概率分布；

(2)利用中心极限定理，求被盗索赔户不少于 14 户且不多于 30 户的概率近似值.（1988 年研考）

13. 一生产线生产的产品成箱包装，每箱的重量是随机的. 假设每箱平均重 50 kg，标准差为 5 kg，若用最大载重量为 5 t 的汽车承运，试利用中心极限定理说明每辆车最多可以装多少箱，才能保障不超载的概率大于 0.977.

客观题 5

一、填空题

1. 设随机变量 ξ 的分布未知，但已知 $E(\xi)=\mu$，$D(\xi)=\sigma^2>0$，由切贝雪夫不等式可得

$P\{|\xi-\mu|\geqslant 3\sigma\}=\underline{\qquad}$.

2.设$\{X_n\}$是相互独立的随机变量序列,且$E(X_n),D(X_n),n=1,2,\cdots$均存在,称$\underline{\qquad}$为$\{x_n\}$的规范和.

二、选择题

1.随机变量序列$X_1,X_2,\cdots,X_n,\cdots,\{X_n\}$依概率收敛于常数$a$是指(　　).

A. $\forall\varepsilon>0,\lim\limits_{x\to\infty}P\{|X_n-a|\geqslant\varepsilon\}=0$　　　　B. $\forall\varepsilon>0,\lim\limits_{x\to\infty}P\{|X_n-a|\geqslant\varepsilon\}=1$

C. $\lim\limits_{x\to\infty}X_n=a$　　　　D. $\lim\limits_{x\to\infty}P\{X_n=a\}=1$

2.随机变量序列$X_1,X_2,\cdots,X_n,\cdots$,如果存在常数列$a_1,a_2,\cdots,a_n,\cdots$,使对$\forall\varepsilon>0$,以下式子中(　　)成立,则称随机变量序列$\{X_n\}$服从大数定律.

A. $\lim\limits_{x\to\infty}P\left\{\left|\dfrac{1}{n}\sum\limits_{i=1}^{n}X_i-a_n\right|\geqslant\varepsilon\right\}=1$　　　　B. $\lim\limits_{x\to\infty}P\left\{\left|\dfrac{1}{n}\sum\limits_{i=1}^{n}X_i-a_n\right|<\varepsilon\right\}=1$

C. $\lim\limits_{x\to\infty}P\left\{\left|\dfrac{1}{n}\sum\limits_{i=1}^{n}X_i-a_n\right|>\varepsilon\right\}=0$　　　　D. $\lim\limits_{x\to\infty}P\left\{\left|\dfrac{1}{n}\sum\limits_{i=1}^{n}X_i-a_n\right|<\varepsilon\right\}=0$

三、是非题

1.设随机变量序列$X_1,X_2,\cdots,X_n,\cdots$相互独立,且均服从参数为$\lambda$的指数分布,则$\bar{X}=\dfrac{1}{n}\sum\limits_{i=1}^{n}X_i$依概率收敛于$\lambda$.　　　　　　　　　　　　　　(　　)

2.一切关于随机变量序列规范和的极限分布均是标准正态分布.　　　　(　　)

第6章 样本及其分布

在许多实际问题中,随机变量的分布通常是未知的,需要估计分布的参数,检验分布的类型等. 例如:

(1)某公路上行驶车辆的速度服从什么分布?

(2)手机、计算机的使用寿命服从什么分布?

(3)产品的合格数是否服从两点分布(参数 p 是未知)?

(4)股票的日回报率是否服从正态分布?

(5)人的寿命服从什么分布?

这类问题属于数理统计问题. 所谓数理统计就是研究如何有效地收集、整理和分析受随机因素影响的数据,并作出推断或预测,为人们采取决策提供建议的一门学科. 它在自然科学、工程技术、生物、医学、经济、金融、保险等领域有着广泛的应用. 数理统计的任务是根据收集到的数据,揭示研究对象的客观统计规律性,并作出合理的统计推断. 我们从本章开始学习数理统计相关问题.

6.1 样本和统计量

6.1.1 总体和样本

在数理统计中,把研究对象的全体称为总体,而把组成总体的每个单元称为个体.

例如:

总体	个体	特征
一批产品	每件产品	等级
一批灯管	每个灯管	寿命
某一学校学生	学生	身高
一批彩票	每张彩票	号码
某地区选民	每个选民	投票意向

一般地,人们感兴趣的是总体的某一个或几个数量指标的分布情况. 每个个体所取的值不同,但它按一定规律分布. 通常,研究对象是某个数值指标 X 或某几个数值指标 $(X_1, \cdots, X_n)$. 由于用指标去描述总体,故今后就将总体表述为一维总体 X 或 p 维总体,并且将这些指标视为随机变量,其分布即为总体的分布. 本课程主要研究一维总体.

如果总体的分布为正态分布,则称该总体为正态总体. 正态总体是统计学中最重要、最常用的一个总体,许多统计理论都建立在此基础上.

从总体所包含的个体个数来看,可将总体分为有限总体和无限总体两类. 有限总体是由有限个具体的个体所组成的集合,其总体所含的个体个数称为有限总体的总体容量,记为 N. 现实问题中的总体常常是有限总体,无限总体往往是作为有限总体的一个近似或只是从理论上抽象出来的.本课程今后只涉及无限总体,所说的总体皆指无限总体.

　　了解总体的分布规律,通常是从总体中抽取一部分个体进行观测,这个过程称为抽样,每个抽到的个体称为样本.通常不会对每个个体进行观测,因为在一些实际问题中,观测 X 的取值的试验具有破坏性,例如,灯管寿命的观测即如此,一旦某灯管的使用寿命被测得,该灯管就报废了;另外,有的观测耗费大量的时间、人力和物力,或由于技术条件的限制,不可能逐个观察,或因为回答问题没有必要过于精确.每次观测结果可看作一个随机变量.若进行了 n 次观测,则记成一个 n 维随机向量$(X_1, X_2, \cdots, X_n)$,在抽样之后其取值表示为$(x_1, x_2, \cdots, x_n)$.

　　由于样本取值的随机性会使推断带有一定程度的不确定性,因此我们应尽可能使在有限次观测中所抽取的样本能反映总体的状况,从而就要求样本具有以下两个性质:

　　(1)同一性,即$(X_1, X_2, \cdots, X_n)$与总体 X 具有相同的概率分布;

　　(2)独立性,即 $X_1, X_2, \cdots, X_n$ 相互独立.

　　定义 6.1　设总体 X 是一个随机变量,$(X_1, X_2, \cdots, X_n)$是一组相互独立且与总体 X 同分布的随机变量,称 n 维随机变量$(X_1, X_2, \cdots, X_n)$为来自总体 X 的一个简单随机变量,简称样本,称 n 为样本容量.

　　设$(X_1, X_2, \cdots, X_n)$是一个取自无限总体 X 的简单随机样本,总体 X 的分布函数为 $F(x)$,则由$X_1, X_2, \cdots, X_n$的独立同分布知,其联合分布函数为

$$F^*(x_1, x_2, \cdots, x_n) = F(x_1)F(x_2)\cdots F(x_n).$$

　　若 X 具有密度函数 $f(x)$,则 $X_1, X_2, \cdots, X_n$ 的联合密度函数为

$$f^*(x_1, x_2, \cdots, x_n) = f(x_1)f(x_2)\cdots f(x_n).$$

6.1.2　样本数据的整理与显示

　　数据的统计分析分为描述性统计分析和统计推断两部分,前者又称为探索性统计分析,它是通过绘制统计图形、编制统计表格、计算统计量等方法来探索数据的主要分布特征,揭示其中存在的规律.探索性数据分析是进行后期统计推断的基础.

　　样本数据的整理是统计研究的基础.整理数据的最常用方法,一般包括求其经验分布函数以及作直方图.

　　设$(x_1, x_2, \cdots, x_n)$为总体 X 的一组观察值,将它们按从小到大的顺序排列,得到

$$x_1^* \leqslant x_2^* \leqslant \cdots \leqslant x_n^*,$$

称它为顺序统计量.令$F_n^*(x) = P(X \leqslant x)$,则

$$F_n^*(x) = \begin{cases} 0, & x < x_1^*, \\ 1/n, & x_1^* \leqslant x < x_2^*, \\ \cdots \\ k/n, & x_k^* \leqslant x < x_{k+1}^*, \\ \cdots \\ 1, & x \geqslant x_n^*. \end{cases}$$

称 $F_n^*(x)$ 为经验分布函数.

　　显然,$0 \leqslant F_n^*(x) \leqslant 1$,且$F_n^*(x)$是非减右连续函数.

　　【例 6.1】　某食品厂生产听装饮料,现从生产线上随机抽取 5 听饮料,称得其净重(单位:g)

$$351 \qquad 347 \qquad 355 \qquad 344 \qquad 351$$

这是一个容量为 5 的样本,经排序可得有序样本:

$$x_1^* = 344, x_2^* = 347, x_3^* = 351, x_4^* = 354, x_5^* = 355.$$

其经验分布函数为

$$F_n^*(x) = \begin{cases} 0, & x \leqslant 344, \\ 1/5, & 344 \leqslant x < 347, \\ 2/5, & 347 \leqslant x < 351, \\ 3/5, & 351 \leqslant x < 354, \\ 4/5, & 354 \leqslant x < 355, \\ 1, & x \geqslant 355. \end{cases}$$

对于经验分布函数,格里纹科在 1933 年证明了以下定理.

定理 6.1(格里纹科定理)　设 $(X_1, X_2, \cdots, X_n)$ 是取自总体 X 分布 $F(x)$ 的样本,$F_n^*(x)$ 是其经验分布函数,当 $n \to \infty$ 时,$F_n^*(x)$ 以概率 1 一致收敛于 $F(x)$,即

$$P\{\lim_{n \to \infty} \sup_{-\infty < x < +\infty} [|F_n(x) - F(x)| = 0]\} = 1.$$

格里纹科定理表明:当 n 相当大时,经验分布函数是总体分布函数 $F(x)$ 的一个良好的近似.

直方图即用图形来描述数据特征,使人们能够看出这个数据的大体分布或"形状",它是人们对统计数据加工整理的一种常用方法.直方图能在一定程度上直观反映总体概率分布情况,如图 6-1、图 6-2 所示.

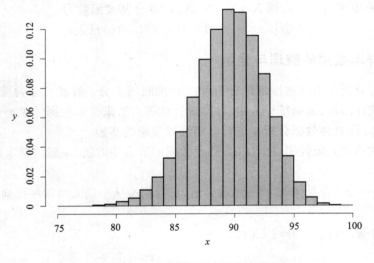

图 6-1　二项分布样本的直方图

说明①:直方图是频数分布的图形表示,它的横坐标表示所关心变量的取值区间,纵坐标有三种表示方法:频数,频率,最准确的是频率/组距,它可使诸长条矩形面积和为 1.这三种直方图的差别仅在于纵轴刻度的选择,直方图本身并无变化.

②:对于连续型随机变量,可以把频率直方图作为总体概率密度函数曲线的一种近似.对于离散型随机变量而言,由于没有密度曲线的概念,因此对离散型随机变量,频率直方图只是直观地表明在各区间取值的概率的大小,但累计频率直方图所代表的是总体分布函数曲线 $F(x)$ 的近似曲线.

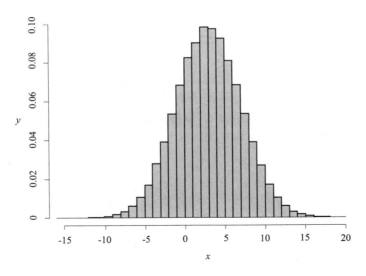

图 6-2　正态分布样本的直方图

6.2　统计量

抽样的目的是利用样本值来推断总体的情况. 实际上, 抽样所得的样本值是凌乱的, 需要对这些数据进行加工与整理, 然后才能加以分析、利用. 对数据的整理与加工的方法有多种, 需要根据实际问题构造出样本的某种函数, 这样的函数在统计推断中起到重要的作用.

定义 6.2　设 $X_1, X_2, \cdots, X_n$ 是来自总体 X 的一个样本, 若样本函数 $g(X_1, X_2, \cdots, X_n)$ 不含未知参数, 则称它为统计量, 统计量的分布称为抽样分布.

【例 6.2】　设 $X_1, X_2, \cdots, X_n$ 是来自正态总体 $N(\mu, \sigma^2)$ 的一个样本, 其中参数 μ, σ^2 未知, 则 $\bar{X} - \mu$, $\dfrac{\bar{X}}{\sigma}$, $\dfrac{1}{n} \sum\limits_{i=1}^{n} (X_i - \mu)^2$ 都不是统计量, 因为它们都含有未知参数.

样本具有两重性, 即样本可以看作随机变量, 又可以看作具体的数; 而统计量作为样本的函数, 其本身也有概率分布, 这是人们利用统计量进行统计推断的依据. 统计量有很多, 对不同的问题应选用合适的统计量, 具体看问题的性质而定.

常用的几个统计量:

	统计量	其观测值
样本均值:	$\bar{X} = \dfrac{1}{n} \sum\limits_{i=1}^{n} X_i$,	$\bar{x} = \dfrac{1}{n} \sum\limits_{i=1}^{n} x_i$;
样本方差:	$S^2 = \dfrac{1}{n-1} \sum\limits_{i=1}^{n} (X_i - \bar{X})^2$,	$s^2 = \dfrac{1}{n-1} \sum\limits_{i=1}^{n} (x_i - \bar{x})^2$;
样本标准差:	$S = \sqrt{\dfrac{1}{n-1} \sum\limits_{i=1}^{n} (X_i - \bar{X})^2}$,	$s = \sqrt{\dfrac{1}{n-1} \sum\limits_{i=1}^{n} (x_i - \bar{x})^2}$;
样本的 k 阶(原点)矩:	$A_k = \dfrac{1}{n} \sum\limits_{i=1}^{n} X_i^k$,	$a_k = \dfrac{1}{n} \sum\limits_{i=1}^{n} x_i^k$;
样本的 k 阶中心矩:	$B_k = \dfrac{1}{n} \sum\limits_{i=1}^{n} (X_i - \bar{X})^k$,	$b_k = \dfrac{1}{n} \sum\limits_{i=1}^{n} (x_i - \bar{x})^k$.

6.3　三大统计分布

统计推断是基于统计量的,而统计量的分布就称为抽样分布.然而,抽样分布一般都比较难.幸运的是,在总体分布为正态的情形,很多重要的统计量的抽样分布可以求得.在实际应用中,许多统计推断是基于正态分布的假设的,以标准正态变量为基石而构造的统计量在实际中有广泛的应用.以下介绍在统计学中被称为" 三大抽样分布 "的 χ^2 分布、t 分布、F 分布.

6.3.1　χ^2 分布

设 $X_1, X_2, \cdots, X_n$ 独立同分布于标准正态 $N(0, 1)$,则称统计量

$$\chi^2 = X_1^2 + X_2^2 + \cdots + X_n^2$$

服从自由度为 n 的 χ^2(读作卡方)分布,记作 $\chi^2 \sim \chi^2(n)$.

χ^2 分布的密度函数为

$$f(x) = \begin{cases} \dfrac{1}{2^{\frac{n}{2}} \Gamma\left(\dfrac{n}{2}\right)} x^{\frac{n}{2}-1} e^{-\frac{x}{2}}, & x > 0, \\ 0, & x \leqslant 0. \end{cases}$$

图 6-3 所示为不同参数的卡方密度函数的图,这是一个偏态分布图.

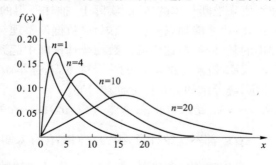

图 6-3　χ^2 分布的密度曲线

χ^2 分布的性质:

(1)设 $X \sim \chi^2(n)$,则 $E(X) = n, D(X) = 2n$.

(2)设 $X_1, X_2, \cdots, X_n$ 独立同分布于正态分布 $N(\mu, \sigma^2)$,则统计量

$$\chi^2 = \frac{1}{\sigma^2} \sum_{k=1}^{n} (x_k - \mu)^2 \sim \chi^2(n).$$

(3)设 $X_1 \sim \chi^2(n_1), X_2 \sim \chi^2(n_2)$,且 X_1 与 X_2 相互独立,则

$$X_1 + X_2 \sim \chi^2(n_1 + n_2).$$

即卡方分布具有可加性.

6.3.2　t 分布

设随机变量 $X \sim N(0,1), Y \sim \chi^2(n)$,且 X 与 Y 独立,则称统计量

$$T = \frac{X}{\sqrt{Y/n}}$$

服从自由度为 n 的 t 分布,记作 $T \sim t(n)$.

　　t 分布是英国统计学家 W. S. Gosset 在 1908 以笔名 Student 发表的论文中提到的,因此 t 分布也被称为"学生氏(Student)分布".

　　t 分布的密度函数为

$$f(x) = \frac{\Gamma\left(\dfrac{n+1}{2}\right)}{\sqrt{n\pi}\,\Gamma\left(\dfrac{n}{2}\right)} \left(1 + \frac{x^2}{n}\right)^{-\frac{n+1}{2}}, \quad -\infty < x < \infty.$$

　　图 6-4 所示为不同参数的 t 分布的密度曲线,其图像是关于纵轴对称的,与标准正态分布的密度函数形状类似,只是比标准正态分布的尾部厚一些.

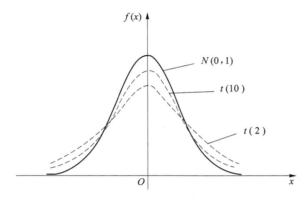

图 6-4　t 分布的密度曲线

　　说明:自由度 n 为 1 的 t 分布就是柯西分布,它的数学期望不存在;当 $n > 1$ 时,t 分布的数学期望存在且为 0;当 $n > 2$ 时,t 分布的方差存在,且为 $n/(n-2)$;当自由度较大（如 $n \geqslant 30$）时,t 分布可以用正态分布 $N(0,1)$ 近似.

6.3.3　F 分布

　　设随机变量 $X \sim \chi^2(n)$,$Y \sim \chi^2(m)$,且 X 与 Y 相互独立,则称统计量

$$F = \frac{X/n}{Y/m}$$

服从自由度是 n 与 m 的 F 分布,并记作 $F \sim F(n, m)$. 这两个自由度通常分别称为第一(或分子)自由度和第二(或分母)自由度.

　　$F(n, m)$ 分布的密度函数为

$$f(x) = \begin{cases} \dfrac{\Gamma\left(\dfrac{n+m}{2}\right)}{\Gamma\left(\dfrac{n}{2}\right)\Gamma\left(\dfrac{m}{2}\right)} n^{\frac{n}{2}} m^{\frac{m}{2}} x^{\frac{n}{2}-1} (nx+m)^{-\frac{n+m}{2}}, & x > 0, \\ 0, & x \leqslant 0. \end{cases}$$

　　自由度是 n 与 m 的 F 分布的密度函数如图 6-5 所示,注意 F 分布的自由度 n 和 m 是有顺序的,当 $n \neq m$ 时,如果将自由度 n 和 m 的顺序颠倒,得到的是两个不同的 F 分布.

　　不同参数的 F 分布的密度 $f_{n,m}(x)$ 如图 6-5 所示.

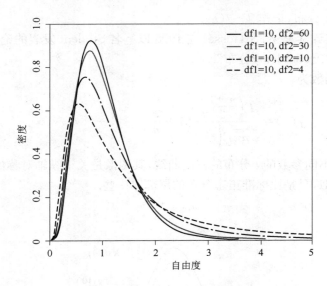

图 6-5　F 分布的密度函数

6.4　抽样分布定理

为了了解用某个统计量 U 进行推断的效果，必须了解统计量 U 的概率分布及其性质，进而了解 U 取到观察值的概率大小等情况，使我们能对统计量 U 的优劣及所作推断的可靠性作出恰当评价. 由于很多随机变量都服从正态分布，因此下面着重介绍在正态总体的统计推断中起重要作用的几个统计量的分布.

定理 6.2　设 $X_1, X_2, \cdots, X_n$ 是来自总体 X 的一个样本，$X \sim N(\mu, \sigma^2)$，$\bar{X}$ 与 S^2 分别是样本均值和样本方差，则

(1) $\bar{X} \sim N\left(\mu, \dfrac{\sigma^2}{n}\right)$；

(2) $\dfrac{n-1}{\sigma^2} S^2 \sim \chi^2(n-1)$；

(3) $\bar{X}$ 与 S^2 相互独立.

定理 6.3　设 $X_1, X_2, \cdots, X_n$ 是来自总体 X 的一个样本，$X \sim N(\mu, \sigma^2)$，$\bar{X}$ 与 S^2 分别是样本均值和样本方差，则统计量

$$T = \frac{\bar{X} - \mu}{S / \sqrt{n}} \sim N(0, 1).$$

定理 6.4　设两独立样本 $X_1, X_2, \cdots, X_{n1}$ 和 $Y_1, Y_2, \cdots, Y_{n2}$ 分别来自总体 X 和 Y，$X \sim N(\mu_1, \sigma_1^2)$，$Y \sim N(\mu_2, \sigma_2^2)$，样本均值为 $\bar{X}, \bar{Y}$，方差为 S_1^2, S_2^2，令

$$S^2 = \frac{n_1 - 1}{n_1 + n_2 - 2} S_1^2 + \frac{n_2 - 1}{n_1 + n_2 - 2} S_2^2,$$

则有

(1) $Z = \dfrac{(\bar{X} - \bar{Y}) - (\mu_1 - \mu_2)}{S / \sqrt{\sigma_1^2 / n_1 + \sigma_2^2 / n_2}} \sim N(0, 1)$；

$(2) F = \dfrac{\sigma_2^2 S_1^2}{\sigma_1^2 S_2^2} \sim F(n_1 - 1, n_2 - 1);$

(3) 当 $\sigma_1^2 = \sigma_2^2 = \sigma^2$ 时，

$$T = \frac{(\bar{X} - \bar{Y}) - (\mu_1 - \mu_2)}{S / \sqrt{1/n_1 + 1/n_2}} \sim t(n_1 + n_2 - 2).$$

6.5　分位数

定义 6.3　设连续型随机变量 X 的分布函数为 $F(x)$，对给定的实数 $\alpha (0 < \alpha < 1)$，若实数 x_α 满足 $P\{X \leqslant x_\alpha\} = \alpha$，即 $F(x_\alpha) = \alpha$，则称 x_α 为随机变量 X 的分布函数 $F(x)$ 的 α 分位数或下侧分位数. 若有实数 x'_α 满足 $P\{X > x'_\alpha\} = \alpha$，即 $1 - F(x'_\alpha) = \alpha$，$F(x'_\alpha) = 1 - \alpha$，则称 x'_α 为随机变量 X 的分布函数 $F(x)$ 的 α 上侧分位数，如图 6-6 所示.

由分位数和上侧分位数定义知

$$x'_\alpha = x_{1-\alpha}, \quad x_\alpha = x'_{1-\alpha}.$$

下面几个分布的分位数具有以下特性：

(1) 标准正态分布和 t 分布，$x_p = -x_{1-p}$；

(2) F 分布，$F_P(n_1, n_2) = \dfrac{1}{F_{1-p}(n_2, n_1)}$.

在 R 统计软件中，求 p 分位数的函数是：

(1) qnorm(p)♯求标准正态分布的分位数；

(2) qt(p,n)♯求 t 分布的分位数；

(3) qchisq(p,n)♯求卡方分布的分位数；

(4) qf(p,n,m)♯求 F 分布的分位数.

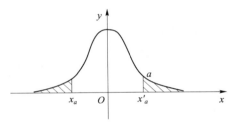

图 6-6　分位数

习题 6

1. 设 $(X_1, X_2, \cdots, X_n)$ 为取自正态总体 $N(\mu, \sigma^2)$ 的样本，$\bar{X}$ 是样本均值，试求 $E(\bar{X})$，$D(\bar{X})$.

2. 在总体 $N(50, 4^2)$ 中随机抽一容量为 25 的样本，求样本均值 $\bar{X}$ 落在 45～55 的概率.

3. 设 $X_1, X_2, \cdots, X_n$ 是来自泊松分布 $P(\lambda)$ 的一个样本，$\bar{X}, S^2$ 分别为样本均值和样本方差，求 $E(\bar{X})$，$D(\bar{X})$，$E(S^2)$.

4. 设总体 $X \sim B(1, p)$，$X_1, X_2, \cdots, X_n$ 是来自 X 的样本.

(1) 求 $(X_1, X_2, \cdots, X_n)$ 的分布律；

(2) 求 $\displaystyle\sum_{i=1}^{n} X_i$ 的分布律；

(3) 求 $E(\bar{X})$，$D(\bar{X})$，$E(S^2)$.

5. 设总体 $X \sim N(\mu, \sigma^2)$，$X_1, X_2, \cdots, X_{10}$ 是来自 X 的样本.

(1) 写出 $X_1, \cdots, X_{10}$ 的联合概率密度；(2) 写出 $\bar{X}$ 的概率密度.

6. 设总体 X 服从正态分布 $N(0, 2^2)$，$X_1, X_2, \cdots, X_{15}$ 是来自总体 X 的样本，则随机变量

$Y = \dfrac{X_1^2 + \cdots + X_{10}^2}{2(X_{11}^2 + \cdots + X_{15}^2)}$ 服从_____分布,参数为_____.

7. 设 $X_1, X_2, \cdots, X_n, X_{n+1}, X_{n+2}, \cdots, X_{n+m}$ 是分布为 $N(0, \sigma^2)$ 的正态总体容量为 $n+m$ 的样本,试求下列统计量的概率分布:

$$(1)\ Y_1 = \frac{\sqrt{m}\,\sum\limits_{i=1}^{n} X_i}{\sqrt{n}\,\sqrt{\sum\limits_{i=n+1}^{n+m} X_i^2}}; \qquad\qquad (2)\ Y_2 = \frac{m\,\sum\limits_{i=1}^{n} X_i^2}{n\,\sum\limits_{i=n+1}^{n+m} X_i^2}.$$

8. $(X_1, X_2, \cdots, X_9)$ 是来自正态总体 $N(2, 1)$ 的一个样本,$\bar{X}$ 为样本均值. 试求出 $\bar{X}$ 在区间 $[1, 3]$ 上取值的概率,并指出 $3(\bar{X} - 2)$ 服从什么分布.

9. 从正态总体 $N(10, 5^2)$ 中抽取容量为 n 的样本,若要求其样本均值位于区间 $(7.8, 12.2)$ 内的概率不小于 0.95,则样本容量 n 至少取多大?

10. 求总体 $X \sim N(20, 3)$ 的容量分别为 $10, 20$ 的两个独立随机样本平均值差的绝对值大于 0.3 的概率.

11. 设某厂生产的电子管的使用寿命 $X \sim N(1\,000, \sigma^2)$(单位:h),随机抽取一容量为 9 的样本,并测得样本均值及样本方差. 但是由于工作上的失误,事后失去了此试验的结果,只记得样本方差为 $S^2 = 100^2$,试求 $P\{\bar{X} > 1\,062\}$.

12. 设 $X_1, X_2, \cdots, X_6$ 是来自正态总体 $N(2, \sigma^2)$ 的一个样本,S 为样本标准差. 请指出 $\dfrac{\bar{X} - 2}{S/\sqrt{6}}$ 服从什么分布.

13. 请用 R 软件求出下面各式的 α 分位数.

(1)$\chi_{0.95}^2(5)$;　　　　　(2)$\chi_{0.75}^2(26)$;　　　　　(3)$\chi_{0.90}^2(50)$;

(4)$t_{0.95}(20)$;　　　　　(5)$t_{0.05}(45)$;　　　　　(6)$t_{0.25}(50)$;

(7)$F_{0.1}(2, 3)$;　　　　　(8)$F_{0.9}(3, 2)$;　　　　　(9)$F_{0.025}(10, 9)$.

14. 设随机变量 X 服从 $\chi^2(n-1)$. 对于给定的 $n = 16, \alpha = 0.05$. 试用 R 软件求 λ_1, λ_2,使满足 $P\{\lambda_1 < X < \lambda_2\} = 1 - \alpha$,且 $P\{X > \lambda_2\} = \alpha/2$.

15. 设 $X_1, X_2, \cdots, X_{10}$ 是来自正态总体 $N(8, 4)$ 的一个样本. 试用 R 软件求 $P\{\bar{X} > 9\}$.

客观题 6

一、填空题

1. 设某电子产品的寿命时间 X 服从指数分布 $E(\lambda)$,为了估计参数 λ,现抽取到 6 件样品,测得寿命时间是:$55, 76, 74, 63, 52, 70$(单位:h),则参数 λ 的估计是_____.

2. 设某地方男子人群的身高 X 服从正态分布 $N(\mu, \sigma^2)$,为了估计参数 μ,现随机抽取 6 人,测得身高是:$168, 176, 174, 163, 166, 170$(单位:cm),则参数 μ 的估计是_____.

3. 设学生高考成绩 X 服从正态分布 $N(\mu, \sigma^2)$,为了估计参数 μ,现随机了解到 6 人,他们的高考成绩是:$468, 276, 534, 366, 486, 450$(分),则参数 μ 的估计是_____.

4. 样本 $x_1, x_2, \cdots, x_n$ 来自总体 X,则该样本满足条件:

(1)_____;(2)_____.

二、选择题

1. 从某总体中抽到一个样本,其观测值为$(1,2,0,-1,3,5,1,0,1,2)$,则样本均值为(　　).

A. 14　　　　　　　　B. 4　　　　　　　　C. 1.4　　　　　　　　D. 0.4

2. 以下式子中不是统计量的是(　　).

A. $\dfrac{1}{n}\sum\limits_{i=1}^{n}X_i$

B. $\min\{X_1,\cdots,X_n\}-\mu$,其中 μ 未知

C. $\max\{X_1,\cdots,X_n\}$

D. $\dfrac{1}{n-1}\sum\limits_{i=1}^{n}(X_i-\bar X)^2$

3. $X_1,X_2,\cdots,X_n$ 为取自总体 X 的简单随机样本,则下列叙述中错误的是(　　).

A. $X_1,X_2,\cdots,X_n$ 相互独立　　　　　　B. $X_1,X_2,\cdots,X_n$ 都相等

C. X_i 与 X 的分布相同　　　　　　　　　D. $X_1,X_2,\cdots,X_n$ 都不是随机变量

4. 样本来自 $X\sim B(1,p)$,$X_1,X_2,\cdots,X_n$ 为取自总体 X 的样本,则 $P\left\{\bar X=\dfrac{k}{n}\right\}$ 是(　　).

A. p　　　　　　B. $p^k(1-p)^{n-k}$　　　　C. $C_n^k p^k(1-p)^{n-k}$　　　D. $C_n^k(1-p)^k p^{n-k}$

三、是非题

1. 样本均值就是总体均值,样本方差就是总体方差.　　　　　　　　　　　(　　)

2. 样本均值和样本方差分别是总体均值和总体方差估计的统计量.　　　　　(　　)

3. 如果随机变量 X 的方差存在,则这个方差必然为非负数.　　　　　　　(　　)

4. 如果用样本均值估计总体均值发生较大的偏差,则样本均值估计式肯定不是总体均值的有效估计量.　　　　　　　　　　　　　　　　　　　　　　　　　　(　　)

5. 在参数的矩估计中,矩估计量是唯一的.　　　　　　　　　　　　　　　(　　)

第7章 参数估计

我们可以根据以往的经验了解到实际问题中遇到的总体分布类型,但分布中的参数未知,一旦参数确定以后,总体的概率分布也就确定了. 例如,学生高考总分 X 服从正态分布,$X \sim N(\mu, \sigma^2)$,参数 μ, σ^2 未知. 我们可以从总体中抽取部分学生成绩为样本,根据样本对总体中的未知参数作出估计,这类问题就是参数估计. 本章主要讨论总体参数的点估计与区间估计方法.

7.1 点 估 计

设总体 X 的分布函数 $F(x, \theta)$ 形式已知,但参数 θ 是未知的. 现从总体 X 中抽取样本 X_1, $X_2, \cdots, X_n$,对应的样本观察值为 $x_1, x_2, \cdots, x_n$. 点估计问题就是要构造一个有效的统计量 $\hat{\theta}$,并利用它的值 $\hat{\theta}$ 来估计未知参数 θ,称统计量 $\hat{\theta}$ 为 θ 的估计量,同时称 $\hat{\theta}$ 为 θ 的估计值. 在不致混淆的情况下把估计量与估计值统称为估计,并都简记为 $\hat{\theta}$. 对参数估计常用的方法是矩估计法和极大似然估计法.

7.1.1 矩估计

1900 年英国统计学家 K. Pearson 提出了一种参数估计方法——矩估计法,该方法在统计学中具有广泛的应用.

设总体 X 的分布函数为 $F(x, \theta)$,θ 为 r 维未知参数,随机变量 X 的 r 阶矩原点存在,即 $\mu_i = E(X^i), i = 1, 2, \cdots, r$ 存在,显然 μ_i 为 θ 的函数,记作 $\mu = E(X^i) = \mu_i(\theta_1, \theta_2, \cdots, \theta_k), i = 1, 2, \cdots, k$. 称统计量

$$a_k = \frac{1}{n} \sum_{i=1}^{n} X_i^k$$

为样本的 k 阶矩.

矩估计的基本思想是:以样本矩作为相应总体的矩估计,即 $a_k = \mu_k$. 参数 θ 的矩估计 (ME),记为 $\hat{\theta}_{ME}$.

【例 7.1】 设总体 X 服从参数为 θ 的 $(0-1)$ 分布,试根据样本 $X_1, X_2, \cdots, X_n$ 确定参数 θ 的矩估计.

解 总体 X 的概率分布为

$$P\{X = 0\} = 1 - \theta, P\{X = 1\} = \theta.$$

随机变量 X 的数学期望 $\mu = E(X) = \theta$,即 θ 是样本的一阶矩,因此 θ 的矩估计为

$$\hat{\theta}_{ME} = \frac{1}{n} \sum_{i=1}^{n} X_i = \overline{X}.$$

【例 7.2】 设总体 X 服从参数为 θ 的指数分布,概率密度为
$$f(x,\theta)=\theta e^{-\theta x},x>0,\theta>0.$$
$X_1,X_2,\cdots,X_n$ 是总体 X 的一个样本,试求 θ 的矩估计.

解 X 服从指数分布,它的数学期望
$$\mu=E(X)=\frac{1}{\theta}.$$

用 1 阶矩来替换数学期望
$$\frac{1}{\theta}=\overline{X},$$

解得
$$\hat{\theta}=\frac{1}{\overline{X}}.$$

另外,我们知道 X 的方差为 $\sigma^2=\dfrac{1}{\theta^2}$,若用样本方差 s^2 来替代总体方差,则
$$s^2=\frac{1}{\theta^2},$$

解得
$$\hat{\theta}=\frac{1}{\sqrt{s^2}}.$$

注:从本例可知,矩估计不唯一.

【例 7.3】 设总体 X 服从均值为 μ、方差为 σ^2 的正态分布,μ,σ^2 未知,$X_1,X_2,\cdots,X_n$ 是总体的一个样本. 求 μ,σ^2 的矩估计.

解 X 服从正态分布,它的一阶矩
$$E(X)=\mu,$$
二阶矩
$$E[X-E(X)]^2=E(X^2)-E(X)^2=\sigma^2,$$
$$E(X^2)=\sigma^2+\mu^2.$$

用一、二阶样本矩来替换总体矩
$$\begin{cases} \hat{\mu}=\overline{X}, \\ \hat{\mu}^2+\hat{\sigma}^2=\dfrac{1}{n}\sum_{i=1}^{n}X_i^2. \end{cases}$$

由上述方程组,得 μ,σ^2 的矩估计分别为
$$\hat{\mu}=\overline{X},$$
$$\hat{\sigma}^2=\frac{1}{n}\sum_{i=1}^{n}X_i^2-\overline{X}^2=\frac{1}{n}\sum_{i=1}^{n}(X_i-\overline{X})^2.$$

细心的读者会发现,若 X 的分布不是正态分布,只要均值和方差存在,那么参数 μ,σ^2 的估计仍然可用以上的估计. 可见,总体的均值、方差的估计分别为样本均值和样本方差.

【例 7.4】 从茶叶包装车间中的成品抽取 13 包茶叶,测得数据如下(单位:g):102 100 105 98 97.5 95 100.3 99.2 98.4 101 102.3 98.6 95.4. 试用矩估计方法估计总体均值和方差.

解 由【例 7.3】得
$$\hat{\mu}=\overline{X},$$

$$\hat{\sigma}^2 = \frac{1}{n}\sum_{i=1}^{n} X_i^2 - \overline{X}^2 = \frac{1}{n}\sum_{i=1}^{n}(X_i - \overline{X})^2.$$

程序：

X<-c(102,100,105,98,97.5,95,100.3,99.2,98.4,101,102.3,98.6,95.4)

mu<-mean(X)

sigma2<-var(X)

注：在矩估计中常用到的 R 函数有

mean()♯计算样本均值

var()♯计算样本方差

【例 7.5】 一位投资者在购买股票之后，观测到股票在 3 天内上涨超过 3% 的出现情况 X 服从参数为 θ 的 (0-1) 分布，用 1 记录上涨超过了 3%，0 记录上涨未超过 3%，该投资者记录情况为 1,1,0,0,0,1,0,1,1,0,1,0,1,1,0,0,0,1. 求 θ 的矩估计.

解 X 服从的分布是两点分布，由例 7-1 知

$$\hat{\theta}_{\text{ME}} = \frac{1}{n}\sum_{i=1}^{n} X_i = \overline{X}.$$

因此，可用样本均值估计参数 θ.

程序：

X<-c(1,1,0,0,0,1,0,1,1,0,1,0,1,1,0,0,0,1)

thet<-mean(X)♯用样本均值估计的结果

【例 7.6】 设每隔 5 min 汽车经过一交通路口的车辆数 X 服从参数为 θ 的指数分布，一位同学在一时间段内观测到的数据是 10,8,7,14,18,25,30,36,31,27,19,11,7,5. 求 θ 的矩估计.

解 X 服从指数分布，

$$p(x) = \begin{cases} \theta e^{-\theta x}, & x>0, \\ 0, & x\leqslant 0. \end{cases}$$

由【例 7.2】知，

$$\hat{\theta} = \frac{1}{\overline{X}} \text{或者} \hat{\theta} = \frac{1}{\sqrt{S^2}}.$$

程序：

X<-c(10,8,7,14,18,25,30,36,31,27,19,11,7,5)

Thet1<-1/mean(X)♯用样本均值估计的结果

Thet2<-1/sd(X)♯用样本标准差估计的结果

7.1.2　极大似然估计

高斯在 1821 年提出了极大似然估计方法之后，英国统计学家 R. A. Fisher 在 1922 年证明了极大似然估计性质，从此极大似然估计方法在概率统计中得到了广泛的应用.下面通过具体的例子了解极大似然估计的基本思想，在一个暗箱中装有白、黄两种颜色的乒乓球共 100 个，这两种颜色的乒乓球比例是 99∶1，但不知道这个比例是白球比黄球，还是黄球比白球.现在做一次抽取，取出了一个球，而这个球是白球.因此，人们自然地估计到这两种球的比例应该是白球比黄球等于 99∶1.直观的想法是：大概率事件常常会发生，而小概率事件在一次试验

中一般不会发生. 以下分情况讨论这种估计方法.

1. 离散型

若总体 X 是离散型随机变量, 其分布律为

$$P\{X=x_i\}=p(x_i;\theta), i=1,2,\cdots,n.$$

其中, θ 为待估参数. 因此, 样本 $X_1, X_2, \cdots, X_n$ 的联合分布律为 $\prod\limits_{i=1}^{n} p(x_i;\theta_1,\theta_2,\cdots,\theta_k)$, 从而事件 $\{X_1=x_1, X_2=x_2, \cdots, X_n=x_n\}$ 发生的概率为

$$L(x_1,x_2,\cdots,x_n;\theta)=\prod_{i=1}^{n}p(x_i;\theta). \tag{7-1}$$

它是参数 θ 的函数, 称 $L(x_1,x_2,\cdots,x_n;\theta)$ 为样本的似然函数. 对式(7-1)两边取自然对数得,

$$\ln L(x_1,x_2,\cdots,x_n;\theta)=\sum_{i=1}^{n}p(x_i;\theta). \tag{7-2}$$

根据上面的讨论, 在 θ 取值的可能范围内, 应挑选使概率 $L(x_1,x_2,\cdots,x_n;\theta)$ 达到最大的参数 $\hat\theta$ 作为 θ 的估计, 即

$$L(x_1,x_2,\cdots,x_n;\hat\theta)=\max_{\theta\in\Theta}L(x_1,x_2,\cdots,x_n;\hat\theta). \tag{7-3}$$

从而统计量 θ 的参数估计应满足方程

$$\frac{\partial L}{\partial \theta}=0. \tag{7-4}$$

上述方程称为似然方程. 又因 L 与 $\ln L$ 在同一 θ 处取得极值, 因此 θ 的极大似然估计也可以从方程

$$\frac{\partial \ln L}{\partial \theta}=0 \tag{7-5}$$

中解得, 称方程(7-5)为对数似然方程.

【例 7.7】 设 $X\sim B(1,p)$, $X_1,X_2,\cdots,X_n$ 是来自总体 X 的样本, 试求参数 P 的极大似然估计.

解 设 $x_1,x_2,\cdots,x_n$ 是相应于样本 $X_1,X_2,\cdots,X_n$ 的一个观测值, X 的分布律为

$$P\{X=x\}=p^x(1-p)^{1-x}, x=0,1.$$

样本的似然函数为

$$L(p)=\prod_{i=1}^{n}p^{x_i}(1-p)^{1-x}=p\sum_{i=1}^{m}x(1-p)n-\sum_{i=1}^{n}x.$$

而 $\ln L(p)=(\sum_{i=1}^{n}x_i)\ln p+(n-\sum_{i=1}^{n}x_i)\ln(1-p)$, 令

$$\frac{\mathrm{d}\ln L(p)}{\mathrm{d}p}=\frac{\sum\limits_{i=1}^{n}x_i}{p}-\frac{n-\sum\limits_{i=1}^{n}x_i}{1-p}=0,$$

解得 p 的极大似然估计为

$$\hat p=\frac{1}{n}\sum_{i=1}^{n}x_i=\overline{X}.$$

可见参数 p 的极大似然估计量与矩估计量相同, 但并不是说所有的似然估计都与矩估计相同.

2. 连续型

设 X 是连续型随机变量, 其概率密度为 $f(x;\theta)$, θ 为未知参数, $X_1,X_2,\cdots,X_n$ 是来自 X

的样本,则 $X_1, X_2, \cdots, X_n$ 的联合密度函数为

$$L(x_1, x_2, \cdots, x_n; \theta) = \prod_{i=1}^{n} f(x_i; \theta) \tag{7-6}$$

称式(7-6)为样本的似然函数,与离散型情况类似,在参数集 θ 中选择参数 θ,使式(7-6)到最大的值作为 θ 的估计值,即使

$$L(x_1, x_2, \cdots, x_n; \hat{\theta}) = \max_{\theta \in \Theta} \prod_{i=1}^{n} f(x_i; \theta), \tag{7-7}$$

则称 $\hat{\theta}$ 为 θ 的极大似然估计(MLE).

与离散型的情况类似,可通过方程 $\dfrac{\partial \ln L}{\partial \theta} = 0$ 求出待估参数.

【例 7.8】 设 $X \sim N(\mu, \sigma^2)$,μ, σ^2 为未知参数,$x_1, x_2, \cdots, x_n$ 是来自总体 X 的样本观察值,求 μ, σ^2 的极大似然估计量.

解 似然函数为

$$L(\mu, \sigma^2) = \prod_{i=1}^{N} \frac{1}{\sqrt{2\pi}\sigma} e^{\frac{(x_i - \mu)^2}{2\sigma^2}}$$

$$= (2\pi\sigma^2)^{-n/2} e^{\dfrac{\sum\limits_{i=1}^{n}(x_i - \mu)^2}{2x^2}}.$$

对数似然函数为:

$$\ln L = -\frac{n}{2}\ln(2\pi\sigma^2) - \frac{1}{2\sigma^2}\sum_{i=1}^{n}(x_i - \mu)^2.$$

由

$$\begin{cases} \dfrac{\partial \ln L}{\partial \mu} = 0, \\[2mm] \dfrac{\partial \ln L}{\partial \sigma^2} = 0. \end{cases}$$

得

$$\begin{cases} \dfrac{1}{\sigma^2}\Big[\sum\limits_{i=1}^{n}(x_i - n\mu)^2\Big] = 0, \\[3mm] -\dfrac{n}{2\sigma^2} + \dfrac{1}{2(\sigma^2)^2}\sum\limits_{i=1}^{n}(x_i - u)^2 = 0. \end{cases}$$

由第一式解得 $\mu = \dfrac{1}{n}\sum\limits_{i=1}^{n}x_i = \overline{x}$,代入第二式得 $\hat{\sigma}^2 = \dfrac{1}{n}\sum\limits_{i=1}^{n}(x_i - \overline{x})^2$.

因此,得 μ, σ^2 的极大自然估计量为

$$\hat{\mu} = \overline{X},$$

$$\hat{\sigma}^2_{\text{MLE}} = \frac{1}{n}\sum_{i=1}^{n}X_i^2 - \overline{X}^2 = \frac{1}{n}\sum_{i=1}^{n}(X_i^2 - \overline{X})^2.$$

这估计量与相应的矩估计量相同.

【例 7.9】 设总体 X 服从 $[0, \theta]$ 上的均匀分布($\theta > 0$,未知).求 θ 的极大似然估计量.

解 样本 $X_1, X_2, \cdots, X_n$ 的似然函数

$$L(\theta) = \prod_{i=1}^{n} f(x_i, \theta)$$
$$= \theta^{-n} I(0 \leqslant x_1, x_2, \cdots, x_n \leqslant \theta)$$
$$= \theta^{-n} I(0 \leqslant x_{(1)} \leqslant x_{(2)} \leqslant \cdots \leqslant x_n \leqslant \theta)$$
$$= \theta^{-n} I(\theta \geqslant x_{(n)}) \cdot I(x_{(1)} \geqslant 0).$$

因此，θ 的最大似然估计值为

$$\hat{\theta}_{\text{ME}} = \max\{x_1, x_2, \cdots, x_n\}.$$

用矩估计方法可得 θ 的矩估计为

$$\frac{\theta}{2} = \frac{1}{n} \sum_{i=1}^{n} x_i = \overline{x}, \hat{\theta} = \frac{2}{n} \sum_{i=1}^{n} x_i = 2\overline{x}.$$

可见 θ 的极大似然估计与矩估计不一样.

注：

optimize()♯用于单参数的极大似然估计

optim()♯用于多参数的极大似然估计

Nlm()♯用于多参数的极大似然估计

【例 7.10】 用极大似然方法计算【例 7.2】的参数估计,设观测样本值为 10,8,7,14,18,25,30,36,31,27,19,11,7,5.求参数的极大似然估计.

解 设总体 X 服从参数为 θ 的指数分布,概率密度为

$$f(x, \theta) = \theta e^{-\theta x}, x > 0, \theta > 0.$$

$X_1, X_2, \cdots, X_n$ 是总体 X 的一个样本. 则

$$L(x_1, \cdots, x_n; \theta) = \prod_{i=1}^{n} p(x_i, \theta) = \prod_{i=1}^{n} \theta e^{-\theta x_i} = \theta^n e^{-\theta \sum_{i=1}^{n} x_i}.$$

$$\ln L(x_1, \cdots, x_n; \theta) = n \ln \theta - \theta \sum_{i=1}^{n} x_i.$$

解得, $\hat{\theta} = \dfrac{n}{\displaystyle\sum_{i=1}^{n} x_i}.$

若 X 服从的分布较复杂,很难得到参数估计的表达式,则可用最优化方法直接对似然函数求解.

程序：

```
X<-c(10,8,7,14,18,25,30,36,31,27,19,11,7,5)
N<-length(X)
f<-function(t) N*log(t)-t*sum(X)
optimize(f,c(0,10),maximum=TRUE)
```

上述程序是用优化方法求得参数估计,其结果与用参数估计的表达算出结果一致.

7.2 评 价 标 准

从上节【例 7.2】可以看出,对于同一参数,用不同的估计方法求出的估计量可能不相同.但哪一个估计量比较好? 这需要明确一个评价估计量优劣的标准.

7.2.1　无偏估计

设 θ 是总体分布中的未知参数，$\hat{\theta}$ 是它的估计量. 由于 $\hat{\theta}$ 是样本的函数，因此对于不同抽样结果 $x_1, x_2, \cdots, x_n, \hat{\theta}$ 的值也不一定相同. 然而我们希望在多次试验中，用 $\hat{\theta}$ 作为 θ 的估计没有系统误差，即用 $\hat{\theta}$ 作为 θ 的估计，其平均偏差为 0，用公式表示即

$$E(\hat{\theta} - \theta) = 0, E(\hat{\theta}) = E(\theta).$$

定义 7.1　设 $\hat{\theta}$ 为未知参数 θ 的一个估计量，若

$$E(\hat{\theta} - \theta) = 0,$$

则称 $\hat{\theta}$ 为参数 θ 的无偏估计.

【例 7.11】　设 $X_1, \cdots, X_n$ 是总体 X 的一个样本，则样本均值 $\overline{X}$ 是总体均值的无偏估计量，样本方差 $S^2 = \dfrac{1}{n-1} \sum_{i=1}^{n} (X_i - \overline{X})^2$ 是 σ^2 的无偏估计量.

证明　因为 $X_1, \cdots, X_n$ 独立同分布，所以

$$E(X_i) = E(X) = \mu, i = 0, 2, \cdots, n,$$

$$E(\overline{X}) = \frac{1}{n} \sum_{i=1}^{n} E(X_i) = \mu.$$

即 $\overline{X}$ 是参数 μ 的无偏估计量.

$$\begin{aligned}
E(S^2) &= \frac{1}{n-1} E\Big[\sum_{i=1}^{n} (X_i - \overline{X})^2 \Big] \\
&= \frac{1}{n-1} E\Big\{ \sum_{i=1}^{n} [(X_i - \mu) - (\overline{X} - \mu)]^2 \Big\} \\
&= \frac{1}{n-1} E\Big\{ \sum_{i=1}^{n} [(X_i - \mu)^2 - 2(\overline{X} - \mu)(X_i - \mu) + (\overline{X} - \mu)^2] \Big\} \\
&= \frac{1}{n-1} E\Big\{ \sum_{i=1}^{n} [(X_i - \mu)^2 - 2(\overline{X} - \mu) \sum_{i=1}^{n} (X_i - \mu) + n(\overline{X} - \mu)^2] \Big\} \\
&= \frac{1}{n-1} \Big[\sum_{i=1}^{n} E(X_i - \mu)^2 - nE(\overline{X} - \mu)^2 \Big] \\
&= \frac{1}{n-1} \Big[nD(X_i) - nD(\overline{X}) \Big],
\end{aligned}$$

$$D(\overline{X}) = D\Big[\frac{1}{n} \sum_{i=1}^{n} X_i \Big] = \frac{1}{n^2} \sum_{i=1}^{n} D(X_i) = \frac{\sigma^2}{n}.$$

因此，$E(S^2) = \sigma^2$，即 S^2 是 σ^2 的无偏估计.

样本方差的另一表达式

$$\zeta^2 = \frac{1}{n} \sum_{i=1}^{n} (X_i - \overline{X})^2 = \frac{n-1}{n} S^2,$$

$$\zeta^2 = \frac{n-1}{n} E(S^2) = \frac{n-1}{n} \sigma^2.$$

因此，ζ^2 不是总体方差的无偏估计.

7.2.2 有效性

无偏估计量是从平均偏差程度角度来度量的,还未考虑到估计量的波动程度.因此,对于几个无偏估计量,哪一个较好,还应考虑它们的偏差程度.

对于参数 θ 的估计,显然偏差越小越好.设 θ 的两个无偏估计量为 $\hat{\theta}_1,\hat{\theta}_2$,如果在样本容量 n 相同的情况下,用 $\hat{\theta}_1$ 估计 θ 的偏离程度小于用 $\hat{\theta}_2$ 估计 θ 的偏离程度,我们就称 $\hat{\theta}_1$ 比 $\hat{\theta}_2$ 好.

定义 7.2 设 $\hat{\theta}_1=\hat{\theta}_1(X_1,X_2,\cdots,X_n),\hat{\theta}_2=\hat{\theta}_2(X_1,X_2,\cdots,X_n)$ 都是 θ 的无偏估计量,如果有

$$D(\hat{\theta}_1)<D(\hat{\theta}_2),$$

就称 $\hat{\theta}_1$ 比 $\hat{\theta}_2$ 有效.

【例 7.12】 设总体 X 的数学期望和方差为 $E(X)=\mu,\mathrm{Var}(X)=\sigma^2,X_1,X_2$ 是来自总体 X 的一个样本,以下 μ 的估计量哪一个更有效?

$$\hat{\mu}_1=\frac{1}{3}X_1+\frac{2}{3}X_2,\hat{\mu}_2=\frac{1}{6}X_1+\frac{5}{6}X_2.$$

解 由于

$$E(\hat{\mu}_1)=E(\hat{\mu}_2)=\mu,$$

因此 $\hat{\mu}_1,\hat{\mu}_2$ 都是 μ 的无偏估计.再看方差

$$D(\hat{\mu}_1)=\frac{1}{9}\sigma^2+\frac{4}{9}\sigma^2=\frac{5}{9}\sigma^2,$$

$$D(\hat{\mu}_2)=\frac{1}{36}\sigma^2+\frac{25}{36}\sigma^2=\frac{26}{36}\sigma^2,$$

$$D(\hat{\mu}_1)<D(\hat{\mu}_2).$$

因此,$\hat{\mu}_1$ 比 $\hat{\mu}_2$ 更有效.

7.2.3 相合性

估计量的无偏性和有效性都是在样本容量 n 固定下讨论的.我们更希望一个估计量在样本容量充分大时,能将参数估计到任意指定的精度,即一个估计量值能稳定在待估参数实际值的附近,否则这个估计是不能使用的.

定义 7.3 设 $\hat{\theta}(X_1,X_2,\cdots,X_n)$ 为参数 θ 的估计量,如果当 $n\to\infty$ 时,$\hat{\theta}$ 依概率收敛于 θ,即任给 $\varepsilon>0$,有

$$\lim_{n\to\infty}P\{|\hat{\theta}-\theta|<\varepsilon\}=1,$$

则称 $\hat{\theta}$ 为参数 θ 的相合估计.

例如,样本的 k 阶矩就是总体的 k 阶矩的相合估计.

根据大数定律,若总体 X 的 k 阶矩 μ_k 存在,即 $\mu_k=E(X^k)$,则相应的样本矩 $a_k=\frac{1}{n}\sum_{i=1}^{n}X_i^k$,当 $n\to\infty$ 时,依概率收敛于总体矩 μ_k,即对于任意的 $\varepsilon>0$,有

$$\lim_{n \to \infty} P\{|a_k - \mu_k| < \varepsilon\} = 1.$$

因此, a_k 是总体 X 的 k 阶矩 μ_k 的相合估计. 通常估计量的相合性可用以下定理来判定.

定理 7.1 设 $\hat{\theta}_n(X_1, \cdots, X_n)$ 为参数 θ 的估计量, 若

$$\lim_{n \to \infty} E(\hat{\theta}_n) = \theta,$$

则称 $\hat{\theta}_n$ 为 θ 的渐近无偏估计. 若 $\hat{\theta}_n$ 再满足 $\lim_{n \to \infty} D(\hat{\theta}_n) = 0$, 则 $\hat{\theta}_n$ 为 θ 的相合估计.

7.3　区间估计

当我们抽取到样本 $X_1, X_2, \cdots, X_n$, 用估计量 $\hat{\theta}(X_1, X_2, \cdots, X_n)$ 来估计未知参数 θ 时, 由于样本的随机性, 不管 $\hat{\theta}$ 是一个怎样优良的估计量, 用 $\hat{\theta}$ 去估计 θ 也只是在一定程度上的近似值, 因此我们希望估计出 θ 的一个范围以及这个范围包含参数 θ 真值达到一定的可信程度.

定义 7.4 设总体 X 的分布函数为 $F(x; \theta)$, θ 是未知参数, 样本 $X_1, X_2, \cdots, X_n$ 来自总体 X. 对给定的 $\alpha(0 < \alpha < 1)$, 若估计量 $\hat{\theta}_1(X_1, X_2, \cdots, X_n)$ 和 $\hat{\theta}_2(X_1, X_2, \cdots, X_n)$ 满足

$$P\{\hat{\theta}_1(X_1, X_2, \cdots, X_n) < \theta < \hat{\theta}_2(X_1, X_2, \cdots, X_n)\} = 1 - \alpha, \tag{7-8}$$

则称随机区间 $(\hat{\theta}_1, \hat{\theta}_2)$ 是 θ 的置信度为 $1 - \alpha$ 的置信区间, $\hat{\theta}_1$ 和 $\hat{\theta}_2$ 分别称为置信度为 $1 - \alpha$ 的置信区间的下限和上限, $1 - \alpha$ 称为置信度或置信水平.

注: α 很小, 通常取 $\alpha = 0.1, 0.05, 0.01$. 置信度为 $1 - \alpha$ 的置信区间 $(\hat{\theta}_1, \hat{\theta}_2)$ 是随机区间, 它与样本有关, 每个样本值确定一个区间 $(\hat{\theta}_1, \hat{\theta}_2)$, 若反复抽样多次 (样本容量均为 n), 将得到一系列的区间 $(\hat{\theta}_1, \hat{\theta}_2)$, 这些区间包含 θ 真值的约占 $100(1 - \alpha)\%$, 而不包含 θ 真值的约占 $100\alpha\%$.

如果总体分布未知, 方差已知, 则可用切比雪夫不等式来求均值的置信区间.

【例 7.13】 为检查白糖打包的平均重量 (包装的方差为 9), 质检员从成品库中抽取了 20 包白糖进行测量, 得到如下数据 (单位: g)

1 010, 1 006, 1 001, 1 003, 998, 995, 1 002, 997, 1 001, 999, 998, 994, 993, 1 000, 1 001, 1 003, 996, 998, 999, 1 002.

试求总体均值 $\overline{X}$ 的 95% 的置信区间.

解 设 X 表示每包白糖的重量, 由题知总体 X 的方差 $D(X) = 9$. 用 $\overline{X}$ 来估计总体均值 $E(X)$. 由于 X 的分布未知, 因此可用切比雪夫不等式来求均值置信区间.

设 ε 为任意给定的正数. 由切比雪夫不等式, 得

$$P\{|X - E(X) < \varepsilon|\} \geqslant 1 - \frac{D(X)}{\varepsilon^2}. \tag{7-9}$$

设 $X_1, X_2, \cdots, X_n$ 为从总体 X 中抽取的样本, 令 $\overline{X} = \dfrac{1}{n} \sum_{i=1}^{n} X_i$, 则 $E(\overline{X}) = E(X)$, $D(\overline{X}) = \dfrac{1}{n} D(X)$.

根据式(7-8)有

$$P\{|\overline{X}-E(\overline{X})<\varepsilon|\}\geqslant1-\frac{D(\overline{X})}{\varepsilon^2},$$

$$P\{|\overline{X}-E(\overline{X})<\varepsilon|\}\geqslant1-\frac{D(\overline{X})}{n\varepsilon^2}.$$

若置信水平为 $1-\alpha$,则

$$1-\frac{D(X)}{n\varepsilon^2}=1-\alpha,$$

取 $\varepsilon=\sqrt{\frac{D(X)}{n\alpha}}$,于是

$$P\left\{|\overline{X}-E(X)|<\sqrt{\frac{D(X)}{n\alpha}}\right\}\geqslant1-\alpha. \tag{7-10}$$

由式(7-10)可以看出,有 $1-\alpha$ 以上的把握确保

$$|\overline{X}-E(X)|<\sqrt{\frac{D(X)}{n\alpha}},$$

即

$$\overline{X}-\sqrt{\frac{D(X)}{n\alpha}}<E(X)<\overline{X}+\sqrt{\frac{D(X)}{n\alpha}}.$$

取 $\alpha=5\%$,则 $\varepsilon=\sqrt{\frac{D(x)}{n\alpha}}=\sqrt{\frac{9}{20\times5\%}}=3.$

由样本得:$\overline{X}=999.8$,于是 $E(X)$ 的置信区间为 $(996.8,1\,002.8)$.

但对于正态总体 $N(\mu,\sigma^2)$ 来说,其均值 μ 和方差 σ^2 的置信区间估计不必这么麻烦.

程序:

```
alp<-0.05
X<-c(1010,1006,1001,1003,998,995,1002,997,1001,999,998,994,993,1000,1001,
1003,996,998,999,1002)
n<-length(X);siga<-3
a<-c(mean(X)-siga/sqrt(n*alp),mean(X)+siga/sqrt(n*alp))
a
```

7.3.1 均值的置信区间

1. 方差已知时均值的置信区间

设 $X\sim N(\mu,\sigma^2)$,则样本均值 $\overline{X}\sim N\left(\mu,\frac{\sigma^2}{n}\right)$,故

$$\frac{\sqrt{n}(\overline{X}-\mu)}{\sigma}\sim N(0,1).$$

对于给定的置信度 $1-\alpha$,如图 7-1 所示,则

$$P\left\{\left|\frac{\overline{X}-\mu}{\sigma/\sqrt{n}}\right|<u_{\frac{\alpha}{2}}\right\}=1-\alpha,$$

$$P\left\{\overline{X}-\frac{\sigma}{\sqrt{n}}u_{\frac{\alpha}{2}}<\mu<\overline{X}+\frac{\sigma}{\sqrt{n}}u_{\frac{\alpha}{2}}\right\}=1-\alpha.$$

其中，$u_{\frac{\alpha}{2}}$ 是 $\frac{\alpha}{2}$ 的上分位数，如图 7-1 所示.

因此，μ 的置信度为 $1-\alpha$ 的置信区间为

$$\left(\overline{X}-\frac{\sigma}{\sqrt{n}}\mu_{\frac{\alpha}{2}},\ \overline{X}+\frac{\sigma}{\sqrt{n}}\mu_{\frac{\alpha}{2}}\right). \tag{7-11}$$

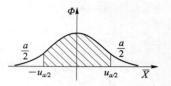

图 7-1　均值的置信区间

【例 7.14】　在【例 7.13】中，若每包白糖重量服从正态分布 $X\sim N(\mu,9)$，试求总体平均值 μ 的置信度为 95％ 的置信区间.

解　因为 $\alpha=0.05$，查表得 0.025 的上分位数为 $u_{0.025}=1.96$，$n=20$，$\sigma=3$，$\overline{x}=999.8$. 根据式（7-10）得，95％ 的置信区间是 [998.485 2, 1 001.115].

可见，选取同样大的样本，由于已知总体 $X\sim N(\mu,9)$ 这一信息，因而这结果比用切比雪夫不等式估计的结果要精确.

程序：
```
alp<- 0.05
X<- c(1010,1006,1001,1003,998,995,1002,997,1001,999,998,994,993,1000,1001,
1003,996,998,999,1002)
n<- length(X)
siga<- 3
a<- c(mean(X) - siga/sqrt(n) * qnorm(1 - alp/2,0,1),mean(X) + siga/sqrt(n) * qnorm
(1 - alp/2,0,1))
a
```

2. 方差未知时均值的置信区间

若方差未知，则用样本方差代替总体方差. 由抽样分布定理知，统计量

$$\frac{\sqrt{n}\,(\overline{X}-\mu)}{S}\sim t(n-1).$$

于是对置信度 $1-\alpha$，有

$$P\left\{-t_{\frac{\alpha}{2}}(n-1)<\frac{\overline{X}-\mu}{S/\sqrt{n}}<t_{\frac{\alpha}{2}}(n-1)\right\}=1-\alpha,$$

$$P\left\{\overline{X}-\frac{S}{\sqrt{n}}t_{\frac{\alpha}{2}}(n-1)<u<\overline{X}+\frac{S}{\sqrt{n}}<t_{\frac{\alpha}{2}}(n-1)\right\}=1-\alpha.$$

其中，$t_{\frac{\alpha}{2}}$ 是 $\frac{\alpha}{2}$ 的 t 分布的上分位数，于是得 μ 的置信度为 $1-\alpha$ 的置信区间为

$$\left(\overline{X}-\frac{S}{\sqrt{n}}t_{\frac{\alpha}{2}}(n-1),\ \overline{X}+\frac{S}{\sqrt{n}}t_{\frac{\alpha}{2}}(n-1)\right). \tag{7-12}$$

【例 7.15】　随机抽查某工厂 15 位工人的日产量（以件为单位）情况，数据如下：
200,208,198,230,258,196,210,215,236,228,201,205,212,224,228.
设工人的日产量近似地服从正态分布，试求总体均值 μ 的置信区间（$\alpha=0.05$）.

解　$1-\alpha=0.95$，$n=15$，查表得 $t_{0.025}(14)=2.144\ 787$.

由给出数据算得：$\overline{x}=216.6$，$s^2=296.4$.

则 μ 的置信度为 0.95 的置信区间为（207.065 9,226.134 1）.

在实际问题中,总体方差 σ^2 通常未知,因此式(7-12)较式(7-11)有更大的实用价值.

程序:

```
alp<-0.05
X<-c(200,208,198,230,258,196,210,215,236,228,201,205,212,224,228)
n<-length(X)
a<-c(mean(X)-sqrt(var(X)/n)*qt(1-alp/2,n-1),mean(X)+sqrt(var(X)/n)*
qt(1-alp/2,n-1))
a
```

7.3.2　方差的置信区间

总体均值 μ 未知时求方差 σ^2 的置信区间. 通常遇到的实际问题是其总体的均值 μ 是未知的,但我们知道样本方差 S^2 为总体方差 σ^2 的无偏估计. 由抽样分布定理知(见第 6 章的定理 6-2)

$$\frac{(n-1)S^2}{\sigma^2}\sim\chi^2(n-1).$$

对于置信水平为 $1-\alpha$,样本 $X_1,X_2,\cdots,X_n$ 有

$$P\left\{\chi^2_{\frac{\alpha}{2}}(n-1)<\frac{(n-1)S^2}{\sigma^2}<\chi^2_{1-\frac{\alpha}{2}}(n-1)\right\}=1-\alpha,$$

$$P\left\{\frac{(n-1)S^2}{\chi^2_{1-\frac{\alpha}{2}}\sigma^2}<\sigma^2<\frac{(n-1)S^2}{\chi^2_{\frac{\alpha}{2}}\sigma^2}\right\}=1-\alpha.$$

其中, $\chi^2_{\frac{\alpha}{2}}$ 与 $\chi^2_{1-\frac{\alpha}{2}}$ 分别是 $\frac{\alpha}{2}$ 和 $1-\frac{\alpha}{2}$ 的卡方分布的分位数,如图 7-2 所示. 因此,方差 σ^2 的一个置信度为 $1-\alpha$ 的置信区间是

$$\left[\frac{(n-1)S^2}{\chi^2_{1-\frac{\alpha}{2}}\sigma^2},\frac{(n-1)S^2}{\chi^2_{\frac{\alpha}{2}}\sigma^2}\right]. \tag{7-13}$$

若总体 X 不服从正态分布,那么由中心极限定理知,只要样本容量 n 足够大($n{\geqslant}30$), $\overline{X}$ 就近似服从正态分布 $N\left(\mu,\dfrac{\sigma^2}{n}\right)$. 所以在大样本情况下,关于总体均值 $\mu_1-\mu_2$ 的置信区间以及方差比 σ^2_1/σ^2_2 的置信区间,这里不再讨论.

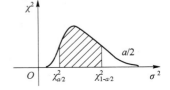

图 7-2　方差的置信区间

【例 7.16】　求【例 7.15】中总体方差 σ^2 的置信度为 95% 的置信区间.

解　$1-\alpha=0.95,n=15$,查卡方分布表得 $\chi^2_{0.975}(14)=26.11895,\chi^2_{0.025}(14)=5.628726.$

由给出的样本数据算得: $\overline{x}=216.6,s^2=296.4.$

由式(7-12)即得所求 σ^2 置信区间为(158.8732,737.2183).

程序:

```
alp<-0.05
X<-c(200,208,198,230,258,196,210,215,236,228,201,205,212,224,228)
n<-length(X)
a<-c((n-1)*var(X)/qchisq(1-alp/2,n-1),(n-1)*var(X)/qchisq(alp/2,n-1))
a
```

习题 7

1. 设总体 X 服从的概率分布为 $P\{X=k\}=q^{k-1}p$, $k=1,2,\cdots$, $0<p<1$, $p+q=1$, p 是未知参数, $X_1,X_2,\cdots,X_n$ 是来自总体 X 的一个样本. 试求参数 p 的矩估计和极大似然估计.

2. 设总体 X 的数学期望 $E(x)=\mu$, $X_1,X_2,\cdots,X_n$ 是来自 X 的一个样本. 证明:

$$\hat{\mu}=\alpha_1 X_1+\alpha_2 X_2+\cdots+\alpha_n X_n$$

是 μ 的无偏估计量, 其中 $\alpha_1,\alpha_2,\cdots,\alpha_n$ 为任意常数, 且满足 $\alpha_1+\alpha_2+\cdots+\alpha_n=1$.

3. 设 $X\sim N(\mu,1)$, 其中 μ 是未知参数, (X_1,X_2) 为取自 X 的样本, 下面是 μ 的无偏估计量, 哪一个更有效?

$$\hat{\mu}_1=\frac{1}{4}X_1+\frac{3}{4}X_2,$$

$$\hat{\mu}_1=\frac{1}{2}X_1+\frac{1}{2}X_2.$$

4. 矩估计必然是( ).

A. 无偏估计   B. 总体矩的函数

C. 样本矩的函数   D. 极大似然估计

5. θ 为总体 X 分布中的未知参数, 其估计量为 $\hat{\theta}$, 则以下陈述中正确的是( ).

A. $\hat{\theta}$ 是一个数, 近似等于 θ B. $\hat{\theta}$ 是一个随机变量

C. $\hat{\theta}$ 是一个统计量, 且 $E(\hat{\theta})=\theta$ D. n 越大 $\hat{\theta}$ 的值越可任意接近 θ

6. 设 $\hat{\theta}$ 是未知参数 θ 的一个估计量, 若 $E(\hat{\theta})\neq\theta$, 则 $\hat{\theta}$ 是 θ 的( ).

A. 极大似然估计   B. 矩估计   C. 有效估计   D. 有偏估计

7. 对某种水果抽取了 9 个测量其重量, 测量结果如下(单位:g):

$$57.8, 67.2, 53.0, 56.8, 57.2, 57.0, 62.6, 58.4, 57.2.$$

已知单个重量 X 服从正态分布 $N(\mu,\sigma^2)$,

(1)已知 $\sigma^2=9$, 求 μ 的 95% 置信区间;

(2)若 σ^2 未知, 求 μ 的 95% 置信区间.

8. 某投资者收集到某一股票近 20 天每天的回报率 X 为:

$0.01, 0.023, -0.005, -0.003, 0.034, 0.065, 0, -0.013, -0.15, 0.45, 0.8, -0.01,$
$0.052, 0.063, 0.008, -0.043, -0.006, 0.012, 0.026, 0.102.$

设 X 服从 $N(\mu,\sigma^2)$, 试求 σ^2 的 90% 的置信区间.

9. 一车间生产滚球, 直径服从 $N(\mu,0.05)$, 从某天的产品里随机取 8 个, 测得直径如下(单位:mm):

$$14.2, 14.6, 14.1, 14.5, 14.4, 14.7, 14.3, 14.5.$$

求平均直径的 95% 置信区间.

10. 假定新生男婴的体重服从正态分布, 随机抽取 12 名新生婴儿, 测得其体重(单位:g)如下:

$$3\,100, 3\,520, 3\,000, 3\,000, 3\,600, 3\,160$$

$$2\,560,3\,320,2\,800,2\,600,3\,400,4\,040.$$

试求新生男婴的平均体重的置信度为 95% 的置信区间.

11. 有一批已包装好的食盐,现从中随机地抽取 16 包,称得重量(单位:g)如下:

$$506,508,499,503,504,510,497,512,$$

$$514,505,493,496,506,502,509,496.$$

设每包食盐的重量近似地服从正态分布,试求总体方差 σ^2 的置信度为 95% 的置信区间.

12. 某居民为了解本住户平均每天用多少度电,他记录了 15 天的用电量如下:

$$4.1,5,6,4.3,5.2,4.6,5.1,5.3,4.5,4.3,6.7,8,4.5,4.7,5.1.$$

设该住户每天用电量服从正态分布,求 μ 和 σ^2 置信度为 95% 的置信区间.

13. 设 $X_1,X_2,\cdots,X_n$ 为来自总体 X 的样本,总体 X 服从参数为 λ 的泊松分布. 当样本容量 n 较大时,求 λ 的 $1-\alpha$ 的置信区间.

客观题 7

一、填空题

1. 若总体 X 是离散型随机变量,其分布律为 $P\{X=x_i\}=p(x_i;\boldsymbol{\theta}),i=1,2,\cdots,n$,其中 $\boldsymbol{\theta}=(\theta_1,\theta_2,\cdots,\theta_k)$ 为待估参数,则样本 $X_1,X_2,\cdots,X_n$ 的似然函数是_____.

2. 设 $X\sim N(\mu,\sigma^2)$,方差未知时均值 μ 的 $1-\alpha$ 的置信区间是_____.

3. 设 $X\sim N(\mu,\sigma^2)$,均值 μ 未知,方差 σ^2 的一个置信度为 $1-\alpha$ 的置信区间是_____.

二、选择题

1. 设总体 $X\sim N(\mu,\sigma^2)$,σ^2 已知,$X_1,X_2,\cdots,X_n$ 为来自总体 X 的样本,则置信度为 95% 的置信区间为( ).(注 z_α,t_α 是 α 的上分位数)

A. $\left(\overline{X}-\dfrac{\sigma}{\sqrt{n}}z_{0.025},\overline{X}+\dfrac{\sigma}{\sqrt{n}}z_{0.025}\right)$ B. $\left(\overline{X}-\dfrac{\sigma}{\sqrt{n}}t_{0.025},\overline{X}+\dfrac{\sigma}{\sqrt{n}}t_{0.025}\right)$

C. $\left(\overline{X}-\dfrac{\sigma}{\sqrt{n}}z_{0.05},\overline{X}+\dfrac{\sigma}{\sqrt{n}}z_{0.05}\right)$ D. $\left(\overline{X}-\dfrac{\sigma}{\sqrt{n}}t_{0.05},\overline{X}+\dfrac{\sigma}{\sqrt{n}}t_{0.05}\right)$

2. 设 $X_1,\cdots,X_n$ 是总体 X 的一个样本,以下说法中不正确的是( ).

A. 样本均值 $\overline{X}$ 是总体均值的无偏估计量

B. 样本方差 $S^2=\dfrac{1}{n-1}\sum\limits_{i=1}^{n}(X_i-\overline{X})^2$ 是总体方差 σ^2 的无偏估计量

C. 样本方差 $\widetilde{S}^2=\dfrac{1}{n}\sum\limits_{i=1}^{n}(X_i-\overline{X})^2$ 是总体方差 σ^2 的无偏估计量

D. $\dfrac{1}{2}(X_1+X_2)$ 是总体均值的无偏估计量

三、是非题

1. 由于总体矩肯定存在,因此矩估计的思想就是用样本矩作为相应总体的矩估计.( )

2. 用矩估计方法得出的参数估计与用最大似然方法得出的参数估计相等. ( )

3. 对于待估参数的估计量,其方差越小就越有效. ( )

第8章 假设检验

假设检验就是对待检验的问题提出某种假设,然后抽取样本,选择反映样本信息的有效统计量,在给定显著水平下,根据统计量反映的特征来推断原假设是否成立.

8.1 假设检验的基本概念

8.1.1 问题提出

当你到某一服装店购买衣服时,服务员介绍本店商品 100% 是优质名牌产品,可是你随机取出一件看看时,发现有不少地方做工比较粗糙,不像是名牌产品.因此,你自然不会相信服务员所说的,还是认真地做挑选为好.再如,药品推销员说他的减肥药疗效显著,只要肥胖者服用 1 个疗程,99% 的肥胖者可减重 10% 以上.但你听到朋友说这种药服用一个疗程后,疗效未达到推销员所说的效果.因此,疗效显著这一说法自然受到质疑.对类似的问题进行质疑,其理论依据就是首先假设某一说法是真的,然后做随机抽取样本,再依据样本来判断这一说法是否正确.当然,这样做可能会犯错误,即命题本来是正确的,可是根据抽样结果来推断命题是错误的.另外,原命题本来是错误的,可是依抽样结果来推断命题是正确的.因此,我们要先控制犯错误的概率较小.对于小概率事件,通常在做一次抽样试验时不易发生.因此,如果小概率事件发生了,就认为所做的假设不成立.下面我们通过具体的例子说明假设检验过程.

8.1.2 假设检验基本方法与概念

【例 8.1】 大米自动装袋机在正常工作时,每袋重量服从均值为 20 kg,标准差为 0.05 kg 的正态分布,现在任取 10 袋大米,其净重为(单位:kg)

$$19.9,20,19.92,20,20.01,20.03,20,19.92,19.95,20.01.$$

问:机器包装工作是否正常?

用 X 表示每袋米的重量,则 $X \sim N(20,0.05^2)$,判断总体均值 $\mu = 20$ 是否成立.

在这一例子中对总体分布函数中的某些参数作出某种假设,然后根据样本观察值去判断假设是否成立.对总体的分布函数或分布函数的某些参数作出某种假设称为统计假设,记为 H_0,称为原假设(零假设,待检假设).把原假设的反面,称为备择假设或对立假设,用 H_1 表示.【例 8.1】的 H_0 就是"$\mu = 20$",H_1 为"$\mu \neq 20$".

在处理实际问题时,往往把希望得到的说法作为备择假设,而要否定的说法作为原假设.如【例 8.1】,如果想要说明包装机不正常工作,就应把这个作为备择假设.通常一个问题仅提出一个假设,并不同时研究其他假设,称为简单统计假设,本书主要研究简单假设检验.

下面以【例 8.1】为例说明假设检验的基本原理.

已知每袋重量 $X \sim N(u,0.05^2)$,但是 μ 未知,现在要判断 μ 是否等于 $\mu_0 = 20$.

因此,提出原假设 $H_0:\mu=\mu_0$.

在这假设成立的条件下 $X\sim N(\mu,\sigma_0)$, $\sigma_0=0.05$. 现在根据抽取的样本 $X_1,X_2,\cdots,X_n$, 来判断 H_0 是否成立. 如果假设成立, 则认为生产正常; 如果假设不成立, 则认为生产不正常.

根据抽取的样本, 可知 $\overline{X}=19.9$, 这个结果与 $\mu_0=20$ 有差异. 出现这个差异的原因, 可能是样本的随机性, 也可能是包装机工作系统出现问题. 根据抽样结果, 现在要推断包装机工作是否正常. 选取一个较小的正数 α, 通常 $0<\alpha\leqslant0.1$, 并称这个数为显著水平. 如果原假设成立, 那么 $\overline{X}$ 应该很接近 μ_0, 它们相差不能太大, 即存在一临界值 λ_α, 使得事件 $W=\{|\overline{X}-\mu_0|>\lambda_\alpha\}$ 为小概率事件, 且

$$P\{|\overline{X}-\mu_0|>\lambda_\alpha\}=\alpha. \tag{8-1}$$

称 W 为拒绝域. 当 H_0 成立时, $\overline{X}\sim N\left(\mu_0,\dfrac{\sigma_0^2}{n}\right)$, 统计量

$$U=\frac{\overline{X}-\mu_0}{\sigma_0/n}\sim N(0,1).$$

由式(8-1)得

$$P\left\{\frac{|\overline{X}-\mu_0|}{\sigma_0/\sqrt{n}}>\frac{\lambda_\alpha\sqrt{n}}{\sigma_0}\right\}=\alpha.$$

对给定的 α, 设 $u_{1-\frac{\alpha}{2}}$ 满足

$$P\{|U|>u_{1-\frac{\alpha}{2}}\}=\alpha,$$

$$u_{1-\frac{\alpha}{2}}=\frac{\lambda_\alpha\sqrt{n}}{\sigma_0},\lambda_\alpha=\frac{u_{1-\frac{\alpha}{2}}\sigma_0}{\sqrt{n}}.$$

当 $\alpha=0.05$ 时, $u_{0.975}=1.96$, 则

$$P\{|U|>1.96\}=0.05.$$

令 $W=\left\{\dfrac{|\overline{X}-\mu_0|}{\sigma_0/\sqrt{n}}>u_{1-\frac{\alpha}{2}}\right\}$, 则事件 W 是小概率事件. 若 $\overline{X}$ 落在 W 中, 则拒绝 H_0, 否则接受 H_0.

若抽样后得到的样本均值 $\overline{X}=19.974$, 统计量 U 相应的值为

$$u_0=\frac{|\overline{x}-\mu_0|}{\sigma_0/\sqrt{n}}=6.325>1.96,$$

则 $\overline{x}$ 落在拒绝域, 说明小概率事件在一次试验中发生了, 因此我们认为原假设 H_0 不成立, 即认为装袋量期望值不是 20 kg.

回顾【例 8.1】的整个过程, 我们可假设检验过程归纳为以下几个步骤:

步骤 1　建立假设

$$H_0:\mu=\mu_0,H_1:\mu\neq\mu_0. \tag{8-1}$$

步骤 2　针对不同的检验问题选取合适的统计量, 并根据样本算出统计量值.

如【例 8.1】的检验统计量

$$U=\frac{\overline{X}-\mu_0}{\sigma_0/\sqrt{n}}, \tag{8-2}$$

根据样本计算出统计量的值.

步骤 3　作出推断.

给定的小概率 α(通常取 5%, 或 1%, 或 10%), 设 $u_{1-\frac{\alpha}{2}}$, 使

$$P\{|U|>u_{1-\frac{\alpha}{2}}\}=\alpha.$$

若统计量的值落入拒绝域 W,则拒绝假设 H_0,否则就不能拒绝 H_0.

在统计软件中常用 P 值来推断. 所谓 P 值,就是当原假设为真时所得到的样本观察结果或更极端结果出现的概率. 若 $p<\alpha$,则拒绝原假设,否则接受备择假设. 如在【例 8.1】中,根据样本算出 u_0,则 $p=P\{|U|>u_0\}=2P\{U>6.235\}=0$. 因此,拒绝原假设,即认为包装机工作不正常.

一般地,设 Θ 是参数空间,H_0 成立时的参数集为 Θ_0,不成立时有参数集 $\Theta_1=\Theta-\Theta_0$. 参数检验通常有以下三种基本形式:

(1) $H_0:\theta=\theta_0$,$H_1:\theta\neq\theta_0$;

(2) $H_0:\theta\leqslant\theta_0$,$H_1:\theta>\theta_0$;

(3) $H_0:\theta\geqslant\theta_0$,$H_1:\theta<\theta_0$.

称形式(1)为双侧检验,(2)为右侧检验,(3)为左侧检验,(2)与(3)统称为单侧检验.

双侧检验时的 p 值为 $p=P\{|U|>u_0\}$;

右侧检验时的 p 值 $p=P\{U>u_0\}$;

左侧检验时的 p 值为 $p=P\{U<u_0\}$.

8.1.3　两类错误

在生活中你可能遇到过这样的事,明知某位同学成绩很优秀,考上名牌高校的概率非常高,可是一次模拟考试中他的成绩很普通,有人会质疑他考上名牌高校的概率不大,但最后那位同学还是如愿地上了名牌大学,这就犯了判断上的错误. 在随机试验中由于样本的随机性,统计推断也会犯类似的错误.

第一类错误是:在 H_0 成立情况下,样本值 u_0 落入了拒绝域 W,因而 H_0 被拒绝了,称这种错误为第一类错误或"弃真"错误,犯错误的概率是

$$P\{拒绝\ H_0|H_0\ 为真\}=P\{X\in W\}=\alpha,\theta\in\Theta.$$

第二类错误是:在 H_0 不成立情况下,样本值 u_0 落入了接受域 $\overline{W}$,因而 H_0 被接受了,称这种错误为第二类错误或"取伪"错误,犯错误的概率是

$$P\{接受\ H_0|H_0\ 为假\}=P\{X\in\overline{W}\}=\beta,\theta\in\Theta.$$

对犯错误的概率 α 和 β,我们都希望尽可能小,但是当样本容量 n 固定时,若减少犯一类错误的概率,则犯另一类错误的概率往往增大,要使犯两类错误的概率都减小,除非增加样本容量. 通常的做法是控制犯第一类错误的概率,使它小于或等于 α,而 α 的大小视具体情况而定,通常 α 取 $0.1,0.05,0.01$ 等值.

8.2　单个正态总体的假设检验

正态总体的假设检验问题主要讨论方差已知或未知时数学期望的检验,以及已知期望或未知期望时方差的检验.

8.2.1　单个正态总体期望的检验

1. 方差已知时总体均值的检验

设 $(X_1,X_2,\cdots,X_n)$ 是来自正态总体 $N(\mu,\sigma^2)$ 的一个样本,已知 $\sigma^2=\sigma_0^2$,要检验假设:

$$H_0:\mu=\mu_0, H_1:\mu\neq\mu_0.$$

选用样本均值 $\overline{X}$ 来估计期望值 μ，则当 H_0 成立时，

$$U=\frac{\overline{X}-\mu_0}{\sigma_0/\sqrt{n}}\sim N(0,1).$$

将 U 作为检验的统计量，而检验的拒绝域为

$$W=\{u\mid|U|>u_{1-\frac{\alpha}{2}}\}.$$

如图 8-1 所示.

根据样本观测值 $(x_1, x_2, \cdots, x_n)$，算出 U 的绝对值 $|u_0|$，再与 $1-\dfrac{\alpha}{2}$ 的分位数 $u_{1-\frac{\alpha}{2}}$ 作比较，若 $|u_0|>u_{1-\frac{\alpha}{2}}$，则拒绝 H_0，即认为总体均值 μ 与 μ_0 之间有显著差异. 若 $|u_0|<u_{1-\frac{\alpha}{2}}$，则接受 H_0，即认为总体均值 μ 与 μ_0 无显著差异. 若依据 p 值来推断，则 p 值的算式为

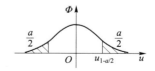

图 8-1　U 均值检验的拒绝域

$$p=2P\{|U|>|u_0|\}=2[1-\Phi(|u_0|)].$$

类似地，可得右侧检验(2)的 p 值为

$$p=P\{|U|>u_0\}=1-\Phi(u_0).$$

左侧检验(3)的 p 值为

$$p=P\{U<u_0\}=\Phi(u_0).$$

当 p 值小于 α 时，拒绝原假设；当 p 值大于 α 时，接受原假设.

【例 8.2】　设新生婴儿的体重(斤)服从正态分布 $N(6,1)$，现从某地区的医院妇产科得到 10 位新生婴儿的体重数据分别为

$$5.52, 6.43, 4.8, 4.54, 5.50, 5.48, 6.59, 7.50, 6.39, 6.6.$$

如果总体方差没有变化，能否认为该地区的新生婴儿平均体重为 6 斤(取 $\alpha=0.05$)？

解　$H_0:\mu=6, H_1:\mu\neq6.$

$$\sigma_0=6, \mu=1, u_0=\frac{|\overline{x}-\mu_0|}{\sigma_0/\sqrt{n}}=0.205\,548.$$

$$p=2P\{|U|>|u_0|\}=2[1-\phi(|u_0|)]=0.837\,144>0.05.$$

所以可以接受 H_0，即该地区的新生婴儿平均体重与正常体重 6 斤没显著差异.

程序：

```
x = c(5.52,6.43,4.8,4.54,5.50,5.48,6.59,7.50,6.39,6.6)
mu0 = 6;si = 1;n = length(x)
u = abs((mean(x) - mu0)/si * sqrt(n))
p = 2 * (1 - pnorm(u,0,1))
u;p
```

【例 8.3】　某种药物，其有效成分含量假定服从正态分布，标准差 $\sigma=0.1$，若平均含量低于 0.3 g，则该药物的生产过程不正常，现从产品中随机抽取了 5 件，测得有效含量分别为 0.23, 0.25, 0.291, 0.28, 0.3. 问：这个生产过程是否正常？($\alpha=0.05$)

解　$\sigma_0=0.02, \mu_0=0.3,$

$$H_0:\mu<0.3, H_1:\mu\geqslant0.3.$$

$$u_0 = \frac{|\overline{x} - \mu_0|}{\sigma / \sqrt{n}} = 14.310\ 84.$$

$p = P\{U > u_0\} = 1 - \Phi(u_0) = 0.747\ 405\ 7 > 0.05.$

因此不能拒绝原假设.

程序：

```
x = c(0.23,0.25,0.291,0.28,0.3)
mu0 = 0.3;si = 0.1;n = length(x);m = mean(x)
u = (mean(x) - mu0)/si * sqrt(n)
p = 1 - pnorm(u,0,1)
m;u;p
```

2. 方差未知时的均值检验

在实际问题中,方差通常是未知的,这时我们可用样本方差来替换总体方差,于是式 (8-2) 变为

$$T = \frac{\overline{X} - \mu_0}{S / \sqrt{n}}. \tag{8-3}$$

根据统计分布定理,式(8-3)服从自由度是 $n-1$ 的 t 分布, $t \sim t(n-1)$.

双侧检验时 p 值的算式为

$$p = 2P\{|U| > |u_0|\} = 2[1 - t(|u_0|)].$$

右侧检验(2)的 p 值为

$$p = P\{U > u_0\} = 1 - t(u_0).$$

假设检验(3)的 p 值为

$$p = P\{U < u_0\} = t(u_0).$$

【例 8.4】 为监测工厂中噪声对工人身体健康的影响,现抽取某厂 24 名职工进行体检,测得他们的噪声双耳高频平均听阈(校正值)结果如下:

36,30,42,48,16,37,20,30,20,20,58,24,28,20,23,20,25,26,30,31,21,22,25,20.

厂部领导声称职工的听力与普通人群的听力没显著差异,假定普通人群的噪声双耳高频平均听阈(校正值)服从正态分布,试检验该厂职工与普通人群噪声双耳高频平均听阈(校正值)的均值是否有显著差异. ($\alpha = 0.05$)

解 由于 σ^2 未知,因此用 T 检验法. 提出假设

$$H_0 : \mu = \mu_0 = 25, H_1 : \mu \neq \mu_0 = 25.$$

样本均值　$\overline{X} = \frac{1}{24}(36 + 30 + \cdots + 20) = 28.$

样本方差　$S^2 = 101.652\ 2.$

$$u_0 = \frac{\overline{X} - \mu_0}{S / \sqrt{n}} = 1.457\ 701.$$

$$t_{1-\frac{\alpha}{2}}(n-1) = t_{0.975}(23) = 2.068\ 658.$$

对 $\alpha = 0.05$,有 $t_{1-\frac{\alpha}{2}}(n-1) = t_{0.975}(23) = 2.068\ 658 > 1.457\ 701.$ 所以应该接受 H_0,可以认为该厂职工噪声双耳高频平均听阈与普通人群噪声双耳高频平均听阈没显著差异.

程序：

```
x = c(36,30,42,48,16,37,20,30,20,20,58,24,28,20,23,20,25,26,30,31,21,22,25,20)
```

```
mu0 = 25;n = length(x);m = mean(x)
S = sd(x);S^2
u = abs((mean(x) - mu0)/S * sqrt(n)
p = 2 * (1 - pt(u,n - 1))
m;u;p
```

8.2.2　单个正态总体方差的检验

1. 总体均值已知时方差的假设检验

设 $(X_1, X_2, \cdots, X_n)$ 来自正态总体 $N(\mu_0, \sigma^2)$,其中 μ_0 已知.

(1)双侧检验.

假设　　　　　　　　　　　　　$H_0: \sigma^2 = \sigma_0^2, H_1: \sigma^2 \neq \sigma_0^2.$

选用统计量

$$\chi^2 = \frac{1}{\sigma_0^2} \sum_{i=1}^n (X_i - \mu_0)^2 = \sum_{i=1}^n \left(\frac{X_i - \mu_0}{\sigma_0}\right)^2.$$

由统计分布定理知,统计量 χ^2 服从自由度为 $n-1$ 的卡方分布,即 $\chi^2 - \chi^2(n-1)$. 对给定的显著性水平 α,其拒绝域为 $\{\chi^2 > \chi^2_{1-\frac{\alpha}{2}}\} \cup \{\chi^2 < \chi^2_{\frac{\alpha}{2}}\}$,因此

$P\{[\chi^2 > \chi^2_{1-\frac{\alpha}{2}}] \cup [\chi^2 < \chi^2_{\frac{\alpha}{2}}]\}$

$= P\{\chi^2 > \chi^2_{1-\frac{\alpha}{2}} + P\chi^2 < \chi^2_{\frac{\alpha}{2}}\}$

$= \frac{\alpha}{2} + \frac{\alpha}{2} = \alpha.$

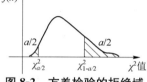

图 8-2　方差检验的拒绝域

其中,$\chi^2_{\alpha/2}$ 与 $\chi^2_{1-\alpha/2}$ 为双侧临界值,如图 8-2 所示.

检验的 p 值是

$$p = 2\min\{P\{\chi^2 < u_0\}, 1 - P\{\chi^2 < u_0\}\}.$$

(2)单侧检验.

右侧检验,$H_0: \sigma^2 \leqslant \sigma_0^2, H_1: \sigma^2 > \sigma_0^2.$

拒绝域,$W = \{\chi^2 > X^2_{1-\frac{\alpha}{2}}\}.$

p 值,$p = P\{\chi^2 > u_0\}, u_0 = \sum_{i=1}^n \left(\frac{X_i - \mu_0}{\sigma_0}\right)^2.$

左侧检验,$H_0: \sigma^2 \geqslant \sigma_0^2, H_1: \sigma^2 < \sigma_0^2.$

拒绝域,$W = \{\chi^2 < X^2_{\frac{\alpha}{2}}\}$,如图 8-3 所示.

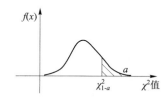

图 8-3　方差单侧检验的拒绝域

p 值,$p = P\{\chi^2 > u_0\}.$

2. 总体均值未知时方差的假设检验

设 $(X_1, X_2, \cdots, X_n)$ 来自正态总体 $N(\mu, \sigma_0^2)$,其中 μ 未知,σ_0^2 已知,

(1)双侧检验.

假设:$H_0: \sigma^2 = \sigma_0^2, H_1: \sigma^2 \neq \sigma_0^2.$

选用统计量

$$\chi^2 = \frac{1}{\sigma_0^2} \sum_{i=1}^n (X_i - \overline{X})^2 = \frac{(n-1)S^2}{\sigma_0^2},$$

则 $\chi^2 - \chi^2(n-1)$,类似上述过程,对于显著水平的 α,拒绝域为

$$\{\chi^2 > \chi^2_{1-\frac{\alpha}{2}}\} \bigcup \{\chi^2 < \chi^2_{\frac{\alpha}{2}}\}.$$

如图 8-4 所示.

检验的 p 值是

$$p = 2\min\{P\{\chi^2 < u_0\}, 1 - P\{\chi^2 < u_0\}\}, u_0 = \sum_{i=1}^{n}\left(\frac{X_i - \overline{X}}{\sigma_0}\right)^2.$$

（2）单侧检验.

右侧检验 $H_0 : \sigma^2 \leqslant \sigma_0^2, H_1 : \sigma^2 > \sigma_0^2$，拒绝域为 $W = \{\chi^2 > \chi^2_{\frac{\alpha}{2}}\}$.

p 值为 $p = P\{\chi^2 > u_0\}$.

左侧检验 $H_0 : \sigma^2 \geqslant \sigma_0^2, H_1 : \sigma^2 < \sigma_0^2$，拒绝域为 $W = \{\chi^2 < \chi^2_{\frac{\alpha}{2}}\}$.

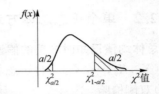

图 8-4　方差双侧检验的拒绝域

p 值为 $p = P\{\chi^2 < u_0\}$.

【例 8.5】　抽取某工厂 15 名职工，在体检时测得脉搏数（次/分钟）如下：

$$55, 62, 68, 61, 74, 75, 69, 72, 71, 78, 66, 77, 70, 56, 70.$$

假设正常人的脉搏次数服从方差为 36 的正态分布，问：该厂职工脉搏次数波动与正常人的脉搏波动是否有显著差异？（显著水平为 0.05）

解　设 X 为某工厂职工的脉搏次数，$X \sim N(\mu, \sigma^2)$，σ 未知.

检验假设　　　　　　　　　　$H_0 : \sigma^2 = \sigma_0^2 = 36, H_1 : \sigma^2 \neq \sigma_0^2$.

由样本值算得　　　　　　　$u_0 = \frac{(n-1)S^2}{\sigma_0^2} = 43.808\ 33,$

$$P = 0.295\ 486\ 1 > 0.05.$$

所以不能拒绝 H_0，认为该厂职工脉搏次数波动与正常人的脉搏波动是没有显著差异的.

程序：

```
X = c(55,62,68,61,74,75,69,72,71,78,66,77,70,56,70)
S = var(X);n = length(X);si2 = 36
u0 = (n-1) * S/si2;u0
p = 2 * min(pchisq(u0,n-1),1-pchisq(u0,n-1));p
```

【例 8.6】　某一植物品种，株高服从标准差为 15 cm 的正态分布，对该品种进行提纯后抽取 15 株，株高如下：

$$91, 103, 101, 95, 97, 100, 105, 99, 102, 103, 108, 100, 97, 102, 98.$$

问：提纯后的群体是否比原群体更整齐？

解　检验假设

$$H_0 : \sigma^2 = \sigma_0^2 = 225, H_1 : \sigma^2 < \sigma_0^2.$$

由样本值算得　　　　　　　$u_0 = \frac{(n-1)S^2}{\sigma_0^2} = 1.088\ 593,$

$$P = 1.747\ 366\mathrm{e}{-06} < 0.05.$$

因此拒绝原假设 H_0，认为提纯后的株高比原来的更整齐.

程序：

```
X = c(91,103,101,95,97,100,105,99,102,103,108,100,97,102,98)
```

```
S = var(X);n = length(X);si2 = 225
u0 = (n - 1) * S/si2;u0
p = pchisq(u0,n - 1);p
```

8.3　两个正态总体的假设检验

8.3.1　两个正态总体均值的检验

1. 方差已知时总体均值的检验

设样本 $(X_1, X_2, \cdots, X_{n1})$ 和 $(Y_1, Y_2, \cdots, Y_{n2})$ 分别来自两个相互独立的正态总体 $X \sim N(\mu_2, \sigma_1^2), Y \sim N(\mu_2, \sigma_2^2), \sigma_1^2$ 与 σ_2^2 为已知.

（1）双侧检验.

假设
$$H_0: \mu_1 = \mu_2, H_0: \mu_1 \neq \mu_2.$$

检验假设 $H_0: \mu_1 = \mu_2$ 等价于 $H_0: \mu_1 - \mu_2 = 0$. 因此,我们可研究两样本均值之差 $\overline{X} - \overline{Y}$. 记 $\overline{X} = \frac{1}{n_1} \sum_{i=1}^{n_1} X_i, \overline{Y} = \frac{1}{n_2} \sum_{i=1}^{n_2} Y_i$,则有

$$\overline{X} \sim N\left(\mu_1, \frac{\sigma_1^2}{n_1}\right), \overline{Y} \sim N\left(\mu_2, \frac{\sigma_2^2}{n_2}\right).$$

由于 $(X_1, X_2, \cdots, X_{n1})$ 与 $(Y_1, Y_2, \cdots, Y_{n2})$ 独立,因此 $\overline{X} - \overline{Y}$ 服从正态分布,且

$$E(\overline{X} - \overline{Y}) = E(\overline{X}) - E(\overline{Y}) = \mu_1 - \mu_2,$$

$$D(\overline{X} - \overline{Y}) = \frac{\sigma_1^2}{n_1} + \frac{\sigma_2^2}{n_2},$$

$$\overline{X} - \overline{Y} \sim N\left(\mu_1 - \mu_2, \frac{\sigma_1^2}{n_1} + \frac{\sigma_2^2}{n_2}\right).$$

因此,当 $H_0: \mu_1 = \mu_2$ 成立时,

$$U = \frac{\overline{X} - \overline{Y}}{\sqrt{\frac{\sigma_1^2}{n_1} + \frac{\sigma_2^2}{n_2}}} \sim N(0, 1).$$

对给定的显著性水平 α,该检验问题的拒绝域是

$$W = \{|U| > u_{\frac{\alpha}{2}}\},$$

$$p = P\{|U| > u_0\} = 2[1 - \Phi(u_0)],$$

其中, $u_0 = \dfrac{|\overline{X} - \overline{Y}|}{\sqrt{\frac{\sigma_1^2}{n_1} + \frac{\sigma_2^2}{n_2}}}$.

（2）单侧检验.

右侧检验 $H_0: \mu_1 \leqslant \mu_2, H_1: \mu_1 > \mu_2$,其拒绝域为 $W = \{u > u_{\frac{\alpha}{2}}\}$.

p 值, $p = P\{u > u_0\} = 1 - \Phi(u_0)$,其中, $u_0 = \dfrac{|\overline{X} - \overline{Y} - (\mu_1 - \mu_2)|}{\sqrt{\frac{\sigma_1^2}{n_1} + \frac{\sigma_2^2}{n_2}}}$.

左侧检验 $H_0:\mu_1\geqslant\mu_2$，$H_1:\mu_1<\mu_2$，拒绝域为 $W=\{u<u_{\frac{a}{2}}\}$，

p 值，$p=P\{u<u_0\}=\Phi(u_0)$.

2. 已知 $\sigma_1^2=\sigma_2^2=\sigma^2$，但 σ^2 未知的检验

（1）双侧检验.

检验假设 $H_0:\mu_1=\mu_2$，$H_1:\mu_1\neq\mu_2$.

选用统计量

$$T=\frac{\overline{X}-\overline{Y}-(\mu_1-\mu_2)}{S_{\overline{\omega}}\sqrt{1/n_1+1/n_2}}.$$

其中，$S_\omega^2=\dfrac{(n_1-1)S_1^2+(n_2-1)S_2^2}{n_1n_2-2}$.

由抽样分布定理知，$T\sim t(n_1+n_2)-2$，对于给定的显著水平 $0<\alpha<1$，该检验的拒绝域是

$$W=\{|t|>t_{\frac{a}{2}}(n_1+n_2-2)\},$$

p 值是 $p=P\{|t|>t_0\}$，其中，$t_0=\dfrac{|\overline{X}-\overline{Y}-(\mu_1-\mu_2)|}{S_\omega\sqrt{1/n_1+1/n_2}}$.

（2）单侧检验

右侧检验 $H_0:\mu_1\leqslant\mu_2$，$H_1:\mu_1>\mu_2$，则拒绝域为 $W=\{t>t_\alpha\}$.

p 值是 $p=P\{t>t_0\}$，其中，$t_0=\dfrac{\overline{X}-\overline{Y}-(\mu_1-\mu_2)}{S_\omega\sqrt{1/n_1+1/n_2}}$.

左侧检验 $H_0:\mu_1\geqslant\mu_2$，$H_1:\mu_1<\mu_2$，拒绝域为 $W=\{t<t_{t-a}\}$，

p 值是 $p=P\{t<t_0\}$.

【例 8.7】　一台自动切断机截下的坯料长度服从正态分布，每隔 2 h 后分别抽取 10 个产品，测得长度如下（单位：mm）：

样本 1：149,148,151,150,152,155,147,150,151,153；

样本 2：151,150,148,156,150,149,148,151,148,154.

问：该自动切断机工作是否正常？

解　截下的坯料来自同一机器，因此，可认为截下的坯料长度方差相同，$\sigma_1^2=\sigma_2^2=\sigma^2$，但方差未知，检验假设 $H_0:\mu_1=\mu_2$，$H_1:\mu_1\neq\mu_2$.

$$t_0=\frac{|\overline{X}-\overline{Y}|}{S_\omega\sqrt{\dfrac{1}{n_1}+\dfrac{1}{n_2}}}=0.190\ 717\ 7.$$

$p=0.850\ 881\ 3>0.05$，所以不能拒绝原假设 H_0，即 $\mu_1=\mu_2$.

程序：

```
X = c(149,148,151,150,152,155,147,150,151,153)
Y = c(151,150,148,156,150,149,148,151,148,154)
n1 = length(X);n2 = length(Y)
SW2 = ((n1 - 1) * var(X) + (n2 - 1) * var(Y))/(n1 * n2 - 2)
t0 = abs(mean(X) - mean(Y))/SW2/sqrt(1/n1 + 1/n2);t0
p = 2 * (1 - pt(t0,n1 + n2 - 2));p
```

8.3.2　两个正态总体方差的检验

设样本 $(X_1,X_2,\cdots,X_n)$ 与 $(Y_1,Y_2,\cdots,Y_n)$ 分别来自相互独立正态总体 $N(\mu_2,\sigma_1^2)$ 与

$N(\mu_2, \sigma_2^2)$，且期望 μ_1, μ_2 未知，对方差情况进行检验.

1. 双侧检验

假设 $H_0 : \sigma_1^2 = \sigma_2^2, H_1 : \sigma_1^2 \neq \sigma_2^2$.

选择统计量

$$F = \frac{S_1^2 / \sigma_1^2}{S_2^2 / \sigma_2^2},$$

其中，$S_1^2 = \dfrac{1}{n_1 - 1} \sum\limits_{i=1}^{n_1} (X_i - \overline{X})^2, S_2^2 = \dfrac{1}{n_2 - 1} \sum\limits_{i=1}^{n_2} (Y_i - \overline{Y})^2.$ 由统计抽样分布定理知，统计量 $F \sim F(n_1 - 1, n_2 - 1)$.

在 $H_0(\sigma_1^2 = \sigma_2^2)$ 成立的条件下，统计量

$$F = \frac{S_1^2}{S_2^2} \sim F(n_1 - 1, n_2 - 1).$$

给定显著水平 α，则临界值是 $F_{\frac{\alpha}{2}}(n_1 - 1, n_2 - 1)$ 及 $F_{1-\frac{\alpha}{2}}(n_1 - 1, n_2 - 1)$，使

$$P\left\{\frac{S_1^2}{S_2^2} > F_{1-\frac{\alpha}{2}}(n_1 - 1, n_2 - 1)\right\} = P\left\{\frac{S_1^2}{S_2^2} < F_{\frac{\alpha}{2}}(n_1 - 1, n_2 - 1)\right\} = \frac{\alpha}{2}.$$

于是拒绝域为

$$W = \{F > F_{1-\frac{\alpha}{2}}\} \bigcup \{F < F_{\frac{\alpha}{2}}\}.$$

p 值为 $p = 2 \times \min\{P\{F < F_0\}, 1 - P\{F < F_0\}\}$，其中，$F_0 = \dfrac{S_1^2 / \sigma_1^2}{S_2^2 / \sigma_2^2}$.

注：

对于 F 分布，有以下关系

$$\frac{1}{F_{1-\frac{\alpha}{2}}(n_1 - 1, n_2 - 1)} = F_{\frac{\alpha}{2}}(n_1 - 1, n_2 - 1).$$

【例 8.8】　在【例 8.7】中，检验机器在前后 2 h 内截下的材料长度的方差是否相等（显著水平为 0.05）.

解　设 $H_0 : \sigma_1^2 = \sigma_2^2, H_1 : \sigma_1^2 \neq \sigma_2^2$.

$F_0 = \dfrac{S_1^2 / \sigma_1^2}{S_2^2 / \sigma_2^2} = 0.781\ 395\ 3.$

$p = 2 \times \min\{P\{F < F_0\}, 1 - P\{F < F_0\}\} = 0.719\ 256.$

所以应接受 H_0，即认为机器在前后 2 h 内截下的材料长度方差相等.

程序：

```
X = c(149,148,151,150,152,155,147,150,151,153)
Y = c(151,150,148,156,150,149,148,151,148,154)
n1 = length(X);n2 = length(Y)
F0 = var(X)/var(Y);F0
p = 2 * min(pf(F0,n1 - 1,n2 - 1),1 - pf(F0,n1 - 1,n2 - 1));p
```

2. 单侧检验

(1) 右侧检验　$H_0 : \sigma_1^2 \leqslant \sigma_2^2, H_1 : \sigma_1^2 > \sigma_2^2$.

选择统计量

$$F = \frac{S_1^2 / \sigma_1^2}{S_2^2 / \sigma_2^2},$$

则 $F \sim F(n_1-1,n_2-1)$. 对于给定的 α, 其拒绝域为 $\{F > F_0\}$.

p 值为 $p = P\{F > F_0\}$, 其中 $F_0 = \dfrac{S_1^2}{S_2^2}$.

(2) 左侧检验　　$H_0 : \sigma_1^2 \geqslant \sigma_2^2$, $H_1 : \sigma_1^2 < \sigma_2^2$.

选择统计量　　$F = \dfrac{S_2^2/\sigma_2^2}{S_1^2/\sigma_1^2}$, 则 $F \sim F(n_2-1,n_1-1)$.

对于给定的 α, 其拒绝域为 $W = \{F < F_0\}$.

p 值为 $p = P\{F > F_0\}$, 其中 $F_0 = \dfrac{S_2^2}{S_1^2}$.

【例 8.9】　设甲乙两只股票回报率都服从正态分布, 投资者观测得到这两只股票在 10 个交易中的回报率如下 (单位: %):

甲: $1.2,0.9,0.5,-0.8,-0.3,2.1,5.6,-1.5,2.5,1.1$;

乙: $2.2,0.6,-1.5,0,3.2,1.8,-2.3,-1.3,6,-0.9$.

乙股票的波动是否比甲股票的大 ($\alpha = 0.05$)?

解　设 X,Y 分别表示甲、乙两股票的回报率, $X \sim N(\mu_2,\sigma_1^2)$, $Y \sim N(\mu_2,\sigma_2^2)$.

设 $H_0 : \sigma_1^2 \leqslant \sigma_2^2$, $H_1 : \sigma_1^2 > \sigma_2^2$.

$$F_0 = \frac{S_1^2}{S_2^2} = 0.612\ 951\ 1.$$

$p = P\{F > F_0\} = 0.238\ 629\ 9 < 0.05$.

所以, H_0 不能拒绝原假设, 即乙股票波动比甲大.

程序

```
X = c(1.2,0.9,0.5, - 0.8, - 0.3,2.1,5.6, - 1.5,2.5,1.1)
Y = c(2.2,0.6, - 1.5,0,3.2,1.8, - 2.3, - 1.3,6, - 0.9)
n1 = length(X);n2 = length(Y)
F0 = var(X)/var(Y);F0
p = pf(F0,n1 - 1,n2 - 1);p
```

8.4　分布的假设检验

在前面的假设检验问题中, 我们总是假设总体服从正态分布, 然后对总体均值和方差参数进行检验, 这是基于总体的样本对参数形式进行的检验, 这类检验称为参数假设检验. 但是随机变量的分布类型通常不知道, 需要根据样本数据来推断总体分布的大概类型. 这类不假定总体分布的具体形式, 根据样本来推断总体的分布形式的检验称为非参数检验.

通常的做法是, 先根据样本值, 作出直方图, 推测总体可能服从的分布函数 $F(x)$ 或概率密度函数 $f(x)$ 的大体形状, 然后用卡方拟合检验法来检验总体的分布函数是否为 $F(x)$.

具体过程如下:

(1) 建立假设 H_0: 总体 X 的分布函数为 $F(x)$.

(2) 从总体 X 中抽取样本 $(X_1,X_2,\cdots,X_n)$. 在实轴上选取 $(k-1)$ 个点: $t_1,t_2,\cdots,t_{k-1}$, 将实轴 $(-\infty,+\infty)$ 分成 k 个区间:

$$(-\infty,t_1],(t_1,t_2],(t_2,t_3],\cdots,(t_{k-1},+\infty)$$

记 m_i 为 n 个样本观测值中落在第 i 个区间中的个数(组频数),则 $\dfrac{m_i}{n}$ 为组频率. 各组理论频数为 np_i,频率为 p_i,要求 $np_i \geqslant 5$. 由大数定律可知,在 H_0 成立条件下,当样本容量 n 较大(至少 50,最好 100 以上)时,$\left(\dfrac{m_i}{n} - p_i\right)^2$ 的值应该比较小. 选用皮尔逊卡方统计量

$$\chi^2 = \sum_{i=1}^{k} \frac{(m_i - np_i)^2}{np_i}.$$

该统计量在 H_0 成立时近似服从自由度是 $k-r-1$ 的 χ^2 分布(r 是总体分布函数中未知参数的数目),n 越大,近似程度就越好.

(3)对于给定的显著水平 α 设数值 $\chi_\alpha^2(k-r-1)$,满足

$$P\{\chi^2 > \chi_\alpha^2(k-r-1)\} = \alpha.$$

显然 χ^2 值越小意味着 $\dfrac{m_i}{n}$ 与 P 越接近. 因此,拒绝域 $W = \{\chi^2 > \chi_\alpha^2(k-r-1)\}$. 对样本值 $(x_1, x_2, \cdots, x_n)$ 计算卡方统计量的值 χ_0^2,并与 $x_\alpha^2(k-r-1)$ 作比较,若 $\chi_0^2 > \chi_\alpha^2$,则拒绝 H_0,或计算检验的 p 值 $p = P\{\chi^2 > \chi_0^2\}$,若 $p < \alpha$,则拒绝 H_0,认为总体 X 的分布函数不是 $F(x)$,否则接受 H_0.

【例 8.10】　教练给他的一位 200 m 赛跑运动员记录了 20 天训练的测试成绩,共 120 个,测得的数据如下(单位:s)

21.3,22.1,21.0,20.5,19.9,20.7,21.7,19.8,20.4,20.5;
21.8,20.7,20.3,20.5,19.6,20.6,21.4,19.9,21.4,20.7;
21.0,20.3,19.8,20.2,20.6,20.3,21.1,19.6,20.5,20.8;
20.2,20.9,21.2,20.4,19.7,20.8,21.3,19.8,19.4,20.9;
20.4,20.9,20.6,21.7,19.8,19.7,20.6,20.7,21.0,21.4;
19.8,20.5,20.9,22.1,21.2,19.9,19.8,20.1,20.4,21.3;
21.0,20.3,20.1,19.6,20.2,20.4,20.8,19.6,20.7,20.5;
20.5,20.0,20.6,20.1,21.1,20.1,20.9,21.4,20.0,20.6;
19.9,21.0,20.5,20.8,20.4,19.5,20.2,20.7,20.5,19.6;
20.1,20.3,19.7,19.6,20.2,20.5,20.2,19.7,20.1,20.2;
19.5,19.8,20.1,20.3,20.5,20.1,19.9,19.8,20.0,20.1;
19.9,20.0,20.3,20.8,20.4,19.6,19.8,20.1,20.5,19.8.

在显著性水平 $\alpha = 0.05$ 下检验该运动员成绩是否服从正态分布?

解　将所有数据从小到大依次排列,把数据分成 k 组,分组个数为

$$k = 1 + \frac{\ln(n)}{\ln 2},$$

$$组距 = (最大值 - 最小值)/组数.$$

用 X 表示运动员成绩,用样本平均数 $\overline{X}$ 及样本方差 S^2 作为总体分布中参数 μ 和 σ^2 的估计值,经计算得 $\hat{\mu} = \overline{X} = 20.415\,83, \hat{\sigma} = S = 0.583\,958\,6$.

检验假设　$H_0 : X \sim N(\hat{\mu}, \hat{\sigma}^2)$.

选用统计量

$$\chi^2 = \sum_{i=1}^{k} \frac{(m_i - np_i)^2}{np_i} \sim \chi^2(k-r-1),$$

其中,计算理论概率 p_1.

对上述观测数据分成 8 组,组距约为 $(22.1-19.4)/8=0.34$,各区间为:

$(-\infty,19.74],(19.74,20.08],(20.08,20.42],(20.42,20.76],(20.76,21.1],(21.1,21.44],(21.44,21.78],(21.78,+\infty]$

根据观测数据可算出卡方统计量值

$$\chi_0^2 = \sum_{i=1}^{k} \frac{(m_i - np_i)^2}{np_i} = 7.260\ 377.$$

对应的 p 值为 $p=0.201\ 984\ 7 > 0.05$. 因此,不能拒绝原假设,即认为运动员成绩服从正态分布.

程序:

```
SPCJ = read.csv("赛跑运动员成绩.csv")
attach(SPCJ)
n = length(X2);mu = mean(X2);si2 = var(X2)
a = seq(min(X2),max(X2),by = 0.34)
m = length(a);k = rep(0,times = m);mi = k;npi = k
for (i in 2:m){
for (j in 1:n){
if (X2[j]< = a[i]) k[i-1] = k[i-1]+1
}
}
k[m] = n;k
mi[1] = k[1]
for (l in 2:m){
mi[l] = k[l] - k[l-1]
}
#mi[m] = n - k[m]
npi[1] = pnorm(a[2],mean(X2),sd(X2))
for (ll in 2:m-1) {
npi[ll] = pnorm(a[ll+1],mean(X2),sd(X2)) - pnorm(a[ll],mean(X2),sd(X2))
}
npi[m] = 1 - pnorm(a[m],mean(X2),sd(X2))
b = sum((mi-n*npi)^2/(n*npi))
p = 1 - pchisq(b,m-3);p
detach(SPCJ)
```

【例 8.11】 为了解群众对某一问题的看法,某部门进行调查问卷,对这个问题给出了 5 种选择,分别记为 A、B、C、D、E,在 100 份问卷中,回答情况如表 8-1 所示.

表 8-1 调查问卷回答统计

题号	A	B	C	D	E
频数 m_i	18	15	20	25	22

在显著性水平 $\alpha=0.05$ 下,检验群众对这个问题的看法是均匀的.

解　记 X 为群众选取的题号,

假设 $H_0:P\{X=i\}=\dfrac{1}{5}$,在 H_0 成立条件下

$$\chi^2=\sum_{i=1}^{k}\frac{(m_i-np_i)^2}{np_i}\sim\chi^2(5-1).$$

根据观测到的数据算出

$$\chi_0^2=\sum_{i=1}^{k}\frac{(m_i-np_i)^2}{np_i}=2.9.$$

对应的 p 值为 $0.574\ 697\ 2>0.05$,所以不能拒绝 H_0,即认为群众对这个问题的看法是均匀的.

程序

```
n = 100;ppi = 0.2
mi = c(18,15,20,25,22);k = length(mi)
npi = n * ppi * c(1,1,1,1,1)
u = sum((mi − npi)^2/npi);u
p = 1 − pchisq(u,k − 1);p
```

习题 8

1. 某种植物种植 30 天后,高度(单位:mm)服从正态分布 $N(50,5)$,现对试验田中种植时间刚满 30 天的植物,抽取了 10 株,测得其长度如下:

$$45.0,52.0,51.0,47.8,45.5,56.5,57.0,58,65,60.$$

检验这种植物总体的平均高度有无变化($\alpha=0.05$).

2. 一自动打包机打包,每包标准重量为 50 kg. 为检查打包机经维修后,其包装工作是否正常,检查员抽取 10 包重量(单位:kg)如下:

$$49.5,48.7,51.1,50.5,49.6,49.7,52.1,50.6,49,51.5.$$

已知包装重量服从正态分布,试问:该天打包机工作是否正常($\alpha=0.01$)?

3. 为了解学生对某一类问题的掌握程度,老师出了一份试题考学生,老师估计学生平均成绩应有 80 分,设学生成绩服从正态分布,现随机抽出 5 位学生的考试成绩,其得分为:

$$95,65,60,45,75.$$

问:该班学生平均成绩与老师的估计有无显著差异 ($\alpha=0.05$)?

4. 一位果农种植了一大片水果树,这位果农声称他这片水果的含糖量高于同类水果,现从这片果林中摘取 15 个做检测,测得其含糖量(%)如下:

$$8.5,8.9,9.5,11.2,10.3,9.2,7.8,9.5,9.8,8.3,9,10.2,9.4,7.5,9.2.$$

设这类水果的平均含糖量为 9%,试检验这位果农看法($\alpha=0.05$).

5. 某厂生产的灯泡的寿命服从正态分布,厂家要求灯泡寿命的方差不大于 100 h,质量监管部从一批产品中抽取 10 个进行试验,其寿命数据如下:

$$1\ 100,1\ 065,1\ 250,1\ 308,1\ 120,1\ 280,1\ 180,1\ 245,1\ 195,1\ 278.$$

这批灯泡的方差是否合格($\alpha=0.05$)?

6. 一股票价格最近 13 天比较活跃,投资者观测到这些天来该股票收盘价的对数回报如下:

0.03,0.015,0.025,−0.012,0.056,0.008,0.036,−0.032,0.099,0.01,−0.008,0.046, −0.027.

试检验该股票的波动率与一般股票的波动率 0.02 有无显著差异($\alpha=0.05$).

7. 两名裁判员给体操运动员打分,10 名体操运动员做了同一规定动作,两名裁判员给出的分数如下:

甲裁判评分:8.5,9.2,7.8,8.0,9.0,8.8,8.6,8.1,7.4,9.3;

乙裁判评分:8.1,9.3,7.5,8.3,8.8,9.0,8.1,8.3,7.1,9.0.

设这两名裁判平时打出的分数服从正态分布,且方差相同,试检验这两名裁判的评分是否有显著差异($\alpha=0.05$).

8. 检测员从两批水果中分别抽出 10 件和 13 件,称得重量如下(单位:kg):

第一批重量:9.5,9.8,10.2,9.6,9.3,8.8,10.1,9.9,9.7,10.3;

第二批重量:10.0,9.7,9.2,9.8,9.5,8.5,9.1,10.2,9.9,9.5,9.9,10.1,9.1.

试检验这两批水果的包装方差是否有显著差异($\alpha=0.05$).若方差相等,则均值有无显著差异?

9. 某一中药材需截成小段,为便于包装,要求各小段长度无太大差异.检测员检查了一位员工在一天上午和下午做好的成品,量到的长度(单位:cm)分别是:

上午:8.5,8.8,8.2,8.6,7.8,8.1,7.5,7.7,9.7,8.3,7.9;

下午:8.0,8.7,8.2,7.8,7.5,8.5,8.1,8.2,7.9,7.5,7.9,8.1,8.2.

设员工做好的成品长度服从正态分布,问:该名员工上下午工作的精度有无显著差异($\alpha=0.05$)? 若精度无显著差异,则均值有无显著差异?

10. 为比较甲乙两种安眠药的疗效,将 20 个患者分成两组,每组 10 人:甲组病人服用甲药,乙组病人服用乙药,设服药后延长的睡眠时间(单位:h)分别服从正态分布,其数据如下所示:

甲:1.5,0.8,1.1,0.1,−0.1,4.4,5.5,2.3,4.6,3.4;

乙:1.1,−1.3,−0.2,−0.5,−0.1,2.4,2.7,0.8,0,2.1.

这两种安眠药疗效有无显著性差异($\alpha=0.05$)?

11. 为了解减肥药的疗效,10 位减肥者服用减肥药 1 个疗程后,对比了服药前后的体重,得到如下数据(单位:kg):

120.5,109.8,119.7,123.4,112.1,108.0,109.0,129.9,115,118.6

服药后体重:110,105,117.3,118.6,109,104,103,118,112,114.5

问:这减肥药是否显著降低了体重($\alpha=0.05$).

12. 在一次学生健康调查中,测量到某校 100 个小学六年级男生的身高,数据如下(单位:mm):

153,156,150,148,160,161,175,171,164,168,158,153,151,156,155,163,167,160, 157,146,158,155,149,157,160,162,161,163,156,163,150,155,158,170,166,157, 154,159,156,161,152,158,156,162,163,168,160,161,163,164,158,159,152,153, 160,173,161,160,157,162,148,165,154,162,150,156,161,162,157,164,153,156, 157,173,156,167,156,158,166,163,155,165,159,175,163,160,162,165,158,160, 158,159,162,160,166,155,155,156,163,158.

试用卡方检验方法检验该校六年级男生身高是否服从正态分布($\alpha=0.05$).

13. 卢瑟福在 2 612 个相等时间间隔(每次 1/8 min)内观察了一放射性物质放射的粒子数,表中的 n_2 是每 1/8 min 时间间隔内观察到 x 个粒子的时间间隔数.

x	0	1	2	3	4	5	6	7	8	9	10	11	$\sum$
ξ	57	203	383	525	532	408	273	139	49	27	10	6	2 612

试用 χ^2 检验法检验观察数据服从泊松分布这一假设($\alpha=0.05$).

14. 检查产品质量时,每次抽取 10 个产品来检查,共取 100 次,得到每 10 个产品中次品数 X 的分布如下:

X	0	1	2	3	4	5	6	7	8	9	10
频数	35	40	18	5	1	1	0	0	0	0	0

试用 χ^2 检验法检验生产过程中出现次品概率是否可以认为是不变的,即次品数是否服从二项分布($\alpha=0.05$)?

客观题 8

一、填空题

1. 设 α 是假设检验中犯第一类错误的概率,β 是犯第二错误的概率,如果同时减小 α 和 β,那么只有_____.

2. 通常拒绝域在分布的_____,接受域在分布的_____.

二、选择题

1. 设总体 $X \sim N(\mu,\sigma^2)$,μ 未知,样本 $X_1,X_2,\cdots,X_n$ 的方差为 S^2,对假设检验 $H_0:\sigma\geq 2$,$H_1:\sigma<2$,水平为 α 的拒绝域是(　　　).

A. $\chi^2\leq\chi^2_{1-\frac{\alpha}{2}}(n-1)$ 　　　　　　　　B. $\chi^2\leq\chi^2_{1-\alpha}(n-1)$

C. $\chi^2\leq\chi^2_{1-\frac{\alpha}{2}}(n)$ 　　　　　　　　D. $\chi^2\leq\chi^2_{1-\alpha}(n)$

2. 在假设检验中,犯第一类错误是指(　　　).

A. H_1 为真,接受 H_1 　　　　　　　　B. H_1 不真,接受 H_1

C. H_1 为真,拒绝 H_1 　　　　　　　　D. H_1 不真,拒绝 H_1

3. 设总体 $X \sim N(\mu,\sigma^2)$,对 μ 进行检验,如果在 0.05 显著水平下接受了原假设,那么在 0.01 显著水平下,以下说法中正确的是(　　　).

A. 必然接受原假设 　　　　　　　　B. 可能接受,也可能不接受原假设

C. 必然拒绝原假设 　　　　　　　　D. 不接受,也不拒绝原假设

三、是非题

1. 在假设检验中,显著性水平 α 是指 $P\{$拒绝 $H_0\,|\,H_0$ 为假$\}=1-\alpha$. 　　　　　(　　　)

2. 设 α 是假设检验中犯第一类错误的概率,β 是犯第二错误的概率,则 $\alpha+\beta=1$. 　　(　　　)

3. 区间估计的置信度 $1-\alpha$ 越高,区间估计的精度就越高. 　　　　　　　　　(　　　)

第 9 章　R 统计软件简介

　　R 语言是功能强大的计算机软件,其特点突出:简单易学,功能强大,体积小,免费下载安装正版软件. 在统计分析方面,R 语言很受学者关注.

　　当前许多顶级统计学家都使用 R 语言,而且越来越多的数据分析实务人员也喜欢使用 R 语言,学习 R 语言正成为数据分析的一种趋势.

9.1　R 软件安装与运行

1. R 软件的安装

　　进入 R 软件网站 http://www. r-project. org/bin/windows/base,下载最新的程序,运行该程序,再按提示安装.

2. 软件包的安装

　　在 R 主窗口中,单击"选择 CRAN 镜像",选择镜像,如"Beijing1,Beijing2,…",再单击"安装程序包",找到要安装的包,单击确定.

3. 运行

　　双击桌面上 R 快捷方式,稍后将进入 R 界面,如图 9-1 所示.

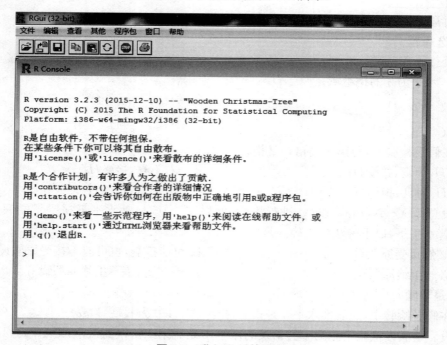

图 9-1　进入 R 后的界面

说明 R 软件已安装成功.

4. 更新程序包

单击"更新程序包",选择镜像点,选择要更新的包,单击"确定",就可更新.

5. 查询已安装的包

＞library()

显示已安装的包.

6. 载入工作空间

若要把已保存的工作空间"WORKSP. RData"调入内在,就执行命令

＞load("WORKSP.RData ")

7. 命令行

如果 R 的一行要写上多个执行命令,则需要用分号(;)隔开. 如果 R 的命令行太长,一行写不完,则可按换行键,继续编辑.

9.2　赋值和运算

1. 向量建立

＞X1＜－c(1,2,3,4,5)♯给向量赋值

＞assign("X2",2,3,1,4,5)♯给向量 X_2 赋值

＞X3 = c(1:3,10:13)♯给向量 X_3 赋值

2. 向量的运算

向量可作加(＋)、减(－)、乘(*)、除(\)、乘方(⌃)运算

＞X1/2 + X2 * 3♯对应分量相加减乘除

＞X1 * X2♯对应分量相乘

＞X1/X2♯对应分量相除

＞X1⌃2♯每个分量作乘方

＞7％/％3♯表示整除

＞7％％3♯表示求余数

＞exp(X1)♯向量用初等函数求值后返回向量

3. 逻辑运算

＜,＜＝,＞,＞＝,＝＝,! ＝分别表示为:小于,小于或等于,大于,大于或等于,等于,不等于. ＆,|,! 分别表示逻辑与、或、非运算.

例:X＜－1:5

X＞2

结果为:FALSE　FALSE　TRUE　TRUE　TRUE

例:1＞2＆2＞1

结果为:FALSE

9.3　数据框

数据框是 R 的一种数据结构,它的每一列是一个变量,每一行是一个观测值.

数据框的生成：

用 data.frame()函数生成数据框.

例：df1＜－data.frame(姓名＝c("李好","黄丽","欧杨"),性别＝c("男","女","男"),年龄＝c(12,15,13));df1

9.4　数据的存取与读取

对其他形式的数据,R 可用下面的方法读取文件中的数据.

1. 函数 read.table()和 read.csv()

该函数可用来创建一个数据框,例如,有股票 A 收盘价的数据文件 stock.dat.

日期	开盘价	最高价	最低价	收盘价	成交额
20150303	10.98	11.50	10.78	11.20	3218.12
20150304	11.18	11.45	11.10	11.31	3423.35
20150305	11.32	11.68	11.28	11.50	3512.83
20150306	11.50	11.88	11.35	11.73	3820.65

其中,价格单位是元/股票,成交额单位是万元.

df1＜－read.table(file = "stock1.dat")

若要明确首行作为表头行,则

df2＜－read.table("stock1.dat",head = TRUE)

若 stock1.dat 的数据在 stock.csv 中,则

df3＜－read.csv("stock.csv",head = TRUE)

2. scan()函数

例如：对数据文件 data1.dat.

ZHOU	169	65
CHAN	183	72
OU	177	66
HU	172	68

转成数据框文件.

df4＜－scan("data1.dat",what = list("",0,0))

注：

第一个变量是字符型变量,后两个是数值型变量.第二个参数是名义列表.对名义列表可直接命名.

df5＜－scan("data1.dat",what = list(姓名 = "",身高 = 0,体重 = 0))

df5

3. 使用剪贴板

对于 Excel 数据,选择数据区的数据,再选择复制,之后在 R 中键入

df6＜－read.delim("clipboard")

9.5　基于 R 的概率分布函数

1. 排列组合计算

prod(m,k)♯计算排列数

choose(m,k)♯计算组合数

例如：计算 A_4^2，$5!$，C_5^2.

＞prod(4,2)

＞prod(5,5)

＞choose(5,2)

2. 分布函数

在下列分布函数名前加前缀"p"可作分布函数，加"d"可作密度函数，加"q"可作分位数函数，加"r"可作产生随机数函数.

（1）binom()♯二项分布.

dbinom(x, size, prob, log = FALSE)

pbinom(q, size, prob, lower.tail = TRUE, log.p = FALSE)

qbinom(p, size, prob, lower.tail = TRUE, log.p = FALSE)

rbinom(n, size, prob)

例子

＞pbinom(5,10,0.2)

0.9936306

（2）nbinom(k,n,p)♯负二项分布.

例子

＞pbinom(5,10,0.2)

0.0001132257

（3）geom()♯几何分布.

dgeom(x, prob, log = FALSE)

pgeom(q, prob, lower.tail = TRUE, log.p = FALSE)

qgeom(p, prob, lower.tail = TRUE, log.p = FALSE)

rgeom(n, prob)

例子

＞pgeom(5,0.2)

0.737856

（4）hyper()♯超几何分布.

dhyper(x, m, n, k, log = FALSE)

phyper(q, m, n, k, lower.tail = TRUE, log.p = FALSE)

qhyper(p, m, n, k, lower.tail = TRUE, log.p = FALSE)

rhyper(nn, m, n, k)

例子

＞dhyper(3,5,10,5)

0.1498501

(5)pois() ＃泊松分布.

dpois(x, lambda, log = FALSE)

ppois(q, lambda, lower.tail = TRUE, log.p = FALSE)

qpois(p, lambda, lower.tail = TRUE, log.p = FALSE)

rpois(n, lambda)

例子

＞ ppois(5,4)

0.7851304

(6)beta() ＃贝塔分布.

用法

dbeta(x, shape1, shape2, ncp = 0, log = FALSE)

pbeta(q, shape1, shape2, ncp = 0, lower.tail = TRUE, log.p = FALSE)

qbeta(p, shape1, shape2, ncp = 0, lower.tail = TRUE, log.p = FALSE)

rbeta(n, shape1, shape2, ncp = 0)

例子

＞ pbeta(0.3,1,2)

0.51

(7)unif() ＃均匀分布.

dunif(x, min = 0, max = 1, log = FALSE)

punif(q, min = 0, max = 1, lower.tail = TRUE, log.p = FALSE)

qunif(p, min = 0, max = 1, lower.tail = TRUE, log.p = FALSE)

runif(n, min = 0, max = 1)

例子

＞runif(10,1,2) ＃产生区间(1,2)内 10 个随机数

[1] 1.379763 1.886072 1.843848 1.581184 1.219548 1.656345 1.247732 1.599137

[9] 1.542662 1.820595

(8)cauchy() ＃柯西分布.

dcauchy(x, location = 0, scale = 1, log = FALSE)

pcauchy(q, location = 0, scale = 1, lower.tail = TRUE, log.p = FALSE)

qcauchy(p, location = 0, scale = 1, lower.tail = TRUE, log.p = FALSE)

rcauchy(n, location = 0, scale = 1)

例子

＞dcauchy(1.3,1,2)

[1] 0.1556528

＞ dcauchy(1.3,0,1)

［1］0.1183308

(9)weibull()＃威布尔分布.

dweibull(x, shape, scale = 1, log = FALSE)

pweibull(q, shape, scale = 1, lower.tail = TRUE, log.p = FALSE)

qweibull(p, shape, scale = 1, lower.tail = TRUE, log.p = FALSE)

rweibull(n, shape, scale = 1)

(10)exp()＃指数分布.

dexp(x, rate = 1, log = FALSE)

pexp(q, rate = 1, lower.tail = TRUE, log.p = FALSE)

qexp(p, rate = 1, lower.tail = TRUE, log.p = FALSE)

rexp(n, rate = 1)

例子

＞qexp(0.95, 0.5)

［1］5.991465

(11)norm()＃正态分布.

dnorm(x, mean = 0, sd = 1, log = FALSE)

pnorm(q, mean = 0, sd = 1, lower.tail = TRUE, log.p = FALSE)

qnorm(p, mean = 0, sd = 1, lower.tail = TRUE, log.p = FALSE)

rnorm(n, mean = 0, sd = 1)

例子

＞ pnorm(2, 0, 1)

［1］0.9772499

＞ qnorm(0.975, 0, 1)

［1］1.959964

＞ rnorm(10, 1, 2)

［1］ 0.9167713　1.3512877　1.9198274　3.9152650　1.1693980　3.3388965

［7］ 0.1592102 − 0.3655820 − 3.8704510　2.6148750

(12)lnorm()＃对数正态分布.

dlnorm(x, meanlog = 0, sdlog = 1, log = FALSE)

plnorm(q, meanlog = 0, sdlog = 1, lower.tail = TRUE, log.p = FALSE)

qlnorm(p, meanlog = 0, sdlog = 1, lower.tail = TRUE, log.p = FALSE)

rlnorm(n, meanlog = 0, sdlog = 1)

(13)gamma()＃伽玛分布.

dgamma(x, shape, rate = 1, scale = 1/rate, log = FALSE)

pgamma(q, shape, rate = 1, scale = 1/rate, lower.tail = TRUE, log.p = FALSE)

qgamma(p, shape, rate = 1, scale = 1/rate, lower.tail = TRUE, log.p = FALSE)

rgamma(n, shape, rate = 1, scale = 1/rate)

(14)chisq()＃卡方分布.

dchisq(x, df, ncp = 0, log = FALSE)

```
pchisq(q, df, ncp = 0, lower.tail = TRUE, log.p = FALSE)
qchisq(p, df, ncp = 0, lower.tail = TRUE, log.p = FALSE)
rchisq(n, df, ncp = 0)
```

例子

```
> pchisq(3,5,0.5)
[1] 0.2569294
> qchisq(0.975,4,0.5)
[1] 12.46892
```

(15)t(x,n) ♯ t 分布.

```
dt(x, df, ncp, log = FALSE)
pt(q, df, ncp, lower.tail = TRUE, log.p = FALSE)
qt(p, df, ncp, lower.tail = TRUE, log.p = FALSE)
rt(n, df, ncp)
```

例子

```
> pt(1.9,3,1)
[1] 0.7233039
> pt(1.9,3,0)
[1] 0.9231842
```

(16)f(x,n,m) ♯ f 分布.

```
df(x, df1, df2, ncp, log = FALSE)
pf(q, df1, df2, ncp, lower.tail = TRUE, log.p = FALSE)
qf(p, df1, df2, ncp, lower.tail = TRUE, log.p = FALSE)
rf(n, df1, df2, ncp)
```

(17)logis(x,a,b) ♯ logistic 分布.

```
dlogis(x, location = 0, scale = 1, log = FALSE)
plogis(q, location = 0, scale = 1, lower.tail = TRUE, log.p = FALSE)
qlogis(p, location = 0, scale = 1, lower.tail = TRUE, log.p = FALSE)
rlogis(n, location = 0, scale = 1)
```

(18)weibull() ♯ Weibull 分布.

```
dweibull(x, shape, scale = 1, log = FALSE)
pweibull(q, shape, scale = 1, lower.tail = TRUE, log.p = FALSE)
qweibull(p, shape, scale = 1, lower.tail = TRUE, log.p = FALSE)
rweibull(n, shape, scale = 1)
```

(19)wilcoxon() ♯ Wilcoxon 分布.

```
dwilcoxon(x, m, n, log = FALSE)
pwilcoxon(q, m, n, lower.tail = TRUE, log.p = FALSE)
qwilcoxon(p, m, n, lower.tail = TRUE, log.p = FALSE)
rwilcoxon(nn, m, n)
```

9.6　R 程序

1. 分支语句

if/else 使用格式:

if（条件）表达式 1

if（条件）表达式 1 else 表达式 2

如果条件成立,则执行表达式 1,否则执行表达式 2.

例子

if (x>0) y = 1 else y = 0

2. 循环语句

(1)for 语句.

使用格式:

for(循环变量 in 表达式 1)表达式 2

表达式 1 是一个向量表达式,循环变量在表达式 1 中逐个取值,之后执行表达式 2.

例子

n<－3;x<－array(0,dim = c(n,n))

for (i in 1:n) {

for (j in 1:n) {

x[i,j]<－2 * i + j}}

x

(2)while 语句.

使用格式:

while(条件)表达式

若条件成立,就执行表达式.

例子

x<－rnorm(10,0,1);i<－1

while (x[i]<0) {

i<－i + 1

};i

(3)repeat 语句.

使用格式:

repeat 表达式

repeat 需要与 break 配合使用,跳出循环.

例子

s<－0;s[2]<－1;i<－1

repeat {

s[i + 2]<－s[i] + s[i + 1];i<－i + 1;if (s[i－1]>100) break

}

s[i－1];i

9.7　R 函数

定义函数格式:

函数名＜－function(参数){表达式}

调用函数格式:

name(参数)

把函数调到内存格式:

source()或单击菜单:文件—运行 R 脚本文件

例子

myfun1＜－function(x){

y＜－c(mean(x),sd(x),min(x),max(x))

list(mean_sd_min_max＝y)

}

保存该函数之后

source("od190105.R")

x＜－rnorm(1000)

myfun1(x)

$mean_sd_min_max

[1]　0.006973937　0.999495457 －3.771776498　3.173955346

9.8　作图

1. plot()函数

功能:绘出数据的散点图、曲线图等.

用法:

(1)plot(x,y,参数项),其中 x 和 y 是向量,生成 y 关于 x 的散点图.

(2)plot(x,参数项),其中 x 是一时间序列,生成时间序列图形. 如果 x 是向量,则生成 x 关于下标的散点图. 如果 x 是复向量,则绘出附属的实部与虚部的散点图.

以下是一些参数选择,如表 9-1 所示.

表 9-1　参数选择

add＝T	类似于低级图形函数,在原图的基础上再添加新的图形
axes＝F	暂不画坐标轴,随后可用 axis()函数更加精准地确定坐标轴的画法,其中默认值为 axes＝T,即有坐标轴
log＝"x"	取对数绘制 x 轴和 y 轴
log＝"y"	
log＝"xy"	
type＝	确定绘图方式
type＝"p"	画散点图

续表

type="l"	画实线
type="b"	所有的点被实线连接
type="o"	实线通过所有的点
type="h"	画出点到 x 轴的竖线
type="s"	左连续的阶梯函数
type="S"	右连续的阶梯函数
type="n"	不画任何点和线,但是仍然绘制坐标轴并建立坐标系
xlab="字符串"	定义 x 轴和 y 轴的标签,默认时,使用对象名
ylab="字符串"	
main="字符串"	定义图形的标题
sub="字符串"	定义图形的子标题,用较小的字体画在 x 轴下方

例子

#以下是对某只股票的收盘价做标准化处理后作出收盘价的折线图

#x is closing prices

#y is standard prices

rd1<－read.csv("399006_CY1.csv")#股票收盘价保存在文件"399006_CY1.csv"中

x<－rd1[["收盘"]]

y<－rd1[["aa"]]

n = length(x)

x1 = 0

for (i in 1:(n－1)){

x1[i] = log(x[i + 1]) － log(x[i])

}

#plot(x, type = "l")#收盘价

#plot(x1, type = "l")#回报

plot(y, type = "l", xlab = "时序", ylab = "标准化价格")#标准化收盘价

运行结果如图 9-2 所示.

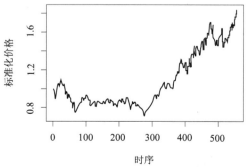

图 9-2　标准化收盘价走势图

第10章 实　验

本章主要了解常见分布作图的方法，其他函数图像的作图方法可使用第 9.7 节介绍的基本方法，通过参阅其他文献学会作图技巧．

10.1　均匀分布图像

R 代码：

```
x = seq(0,4,length = 1000)
y = dunif(x,0,4)
plot(x,y,xlim = c(0,5),ylim = c(0,1),type = 'l',
xaxs = "i", yaxs = "i",ylab ='函数值',xlab = '  ',
main = "均匀分布密度函数")
```

结果如图 10-1 所示．

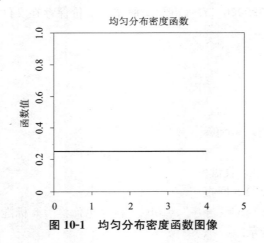

图 10-1　均匀分布密度函数图像

10.2　指数分布图像

R 代码：

```
x = seq(0,4,length = 1000)
y = dexp(x,1)
plot(x,y,xlim = c(0,5),ylim = c(0,1),type = 'l',xaxs = "i", yaxs = "i",ylab ='函数值',
xlab = ",main = "指数分布密度函数")
```

```
lines(x,dexp(x,1),col = "green")
lines(x,dexp(x,2),col = "blue")
lines(x,dexp(x,5),col = "orange")
lines(x,dexp(x,10),col = "red")
legend("topright",legend = paste("df = ",c(1,2,5,10)),lwd = 1, col = c( "green",
"blue","orange","red"))
```

结果如图 10-2 所示.

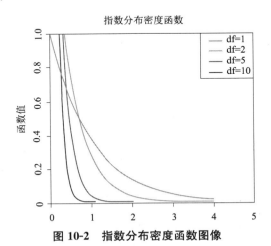

图 10-2　指数分布密度函数图像

10.3　标准正态分布图像

1. 标准正态分布图像

```
x<- seq( - 4,4,length = 1000)
    y<- dnorm(x)
  plot(x,y,xlim = c( - 5,5),ylim = c(0,0.6),type = 'l',
          xaxs = "i", yaxs = "i",ylab ='函数值',xlab =' ',
main = "标准正态分布密度函数")
```

结果如图 10-3 所示.

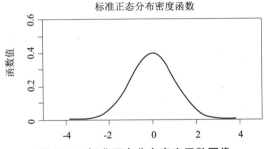

图 10-3　标准正态分布密度函数图像

2. 正态分布图像

```
curve(dnorm(x,0,1),xlim = c( - 5,5),ylim = c(0,0.8),col = "red",lwd = 2,lty = 3,
ylab = '函数值')
    curve(dnorm(x,0,2),add = T,col = "blue",lwd = 2,lty = 2)
    curve(dnorm(x,0,1/2),add = T,lwd = 2,lty = 1)
    title(main = "正态分布密度函数")
    legend(par('usr')[2],par('usr')[4],xjust = 1,
        c('sigma = 1','sigma = 2','sigma = 1/2')
        lwd = c(2,2,2),
        lty = c(3,2,1),
        col = c('red','blue',par("fg")))
```

运行结果如图 10-4 所示.

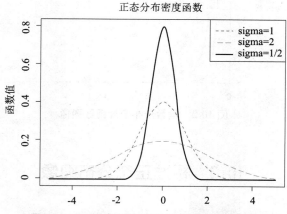

图 10-4　不同方差的正态分布密度函数图像

10.4　卡方分布图像

1. 卡方密度函数

R 代码：

```
x< - seq(0,10,length = 1000)
y< - dchisq(x,1)
plot(x,y,col = "red",xlim = c(0,5),ylim = c(0,2),type = 'l',xaxs = "i", yaxs = "i",
ylab = '函数值',xlab = '',
    main = "卡方密度函数",lwd = 2)
    lines(x,dchisq(x,2),col = "green",lwd = 2)
    lines(x,dchisq(x,3),col = "blue",lwd = 2)
    lines(x,dchisq(x,4),col = "orange",lwd = 2)
    legend("topright",legend = paste("df = ",c(1,2,3,4)), lwd = 1, col = c("red",
```

"green","blue","orange"))

结果如图 10-5 所示.

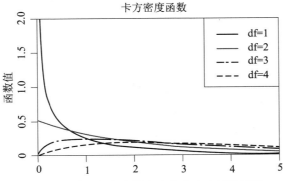

图 10-5 不同自由度的卡方分布密度函数图像

2. 卡方分布函数的作图

R 代码：

```
x<－seq(0,10,length = 1000)
y<－pchisq(x,1)
plot(x,y,col = "red",xlim = c(0,10),ylim = c(0,1),type = 'l',
xaxs = "i", yaxs = "i",ylab = '函数值',xlab = '',
main = "卡方分布函数")
lines(x,pchisq(x,2),col = "green",lwd = 2)
lines(x,pchisq(x,3),col = "blue",lwd = 2)
lines(x,pchisq(x,4),col = "orange",lwd = 2)
legend("bottomright",legend = paste("df = ",c(1,2,3,4)), lwd = 1, col = c("red",
"green","blue","orange"))
```

结果如图 10-6 所示.

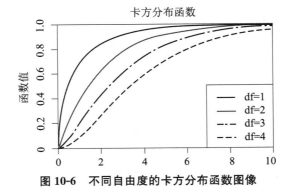

图 10-6 不同自由度的卡方分布函数图像

10.5 *F* 分布图像

1. *F* 分布密度函数图像

R 代码：

```
x< - seq(0,5,length = 1000)
y< - df(x,10,60)
plot(x,y,col = "red",xlim = c(0,5),ylim = c(0,1),type = 'l',
xaxs = "i", yaxs = "i",ylab = '函数值',xlab = '  ',main = "F 分布密度函数",lwd = 2)
lines(x,df(x,10,30),col = "green",lwd = 2)
lines(x,df(x,10,10),col = "blue",lwd = 2)
lines(x,df(x,10,4),col = "orange",lwd = 2)
legend("topright",legend = paste("df1 = ",c(10,10,10,10),
"df2 = ",c(60,30,10,4)),lwd = 1,
col = c("red", "green","blue","orange"))
```

结果如图 10-7 所示.

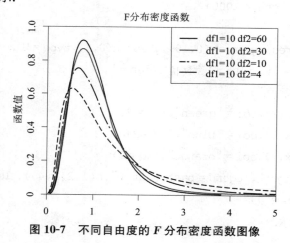

图 10-7 不同自由度的 *F* 分布密度函数图像

2. 自由度对换顺序的 *F* 分布密度

当 *F* 分布的自由度 n 与 m 的顺序颠倒一下后，结果会怎样，请看下面的结果.

R 代码：

```
x< - seq(0,5,length = 1000)
y< - df(x,5,40)
plot(x,y,col = "red",xlim = c(0,5),ylim = c(0,1),type = 'l',lwd = 2,
  xaxs = "i", yaxs = "i",ylab = '函数值',xlab = ",main = "F 分布密度函数 ")
lines(x,df(x,40,5),col = "green",lwd = 2)
legend("topright",legend = paste("df1 = ",c(5,40),
  "df2 = ",c(40,5)),lwd = 1, col = c("red", "green"))
#end
```

结果如图 10-8 所示.

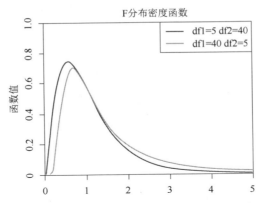

图 10-8　自由度对换顺序后的 *F* 分布密度函数图像对比

10.6　*t* 分布图像

1. 用 plot 与 lines 作 *t* 分布密度函数图

```
x< - seq( - 4,4,length = 1000)
y< - dnorm(x)
plot(x,y,xlim = c( - 5,5),ylim = c(0,0.5),type = 'l', lwd = 2,
  xaxs = "i", yaxs = "i",ylab = '函数值',xlab = ',
main = "标准正态与 t 分布密度函数")
lines(x,dt(x,1),col = "green",lwd = 2)
lines(x,dt(x,5),col = "blue",lwd = 2)
lines(x,dt(x,10),col = "red",lwd = 2)
    #lines 画的时候,可以逐条加上去.
legend(par('usr')[2],par('usr')[4],xjust = 1,
     c('标准正态','df = 1','df = 5','df = 10'),
     lwd = c(2,2,2,2),
     col = c("black", "green","blue","red"))
```

结果如图 10-9 所示.

2. 用 curve 作 *t* 分布密度函数图

```
curve(dt(x,1),xlim = c( - 3,3),ylim = c(0,.4),
     col = "red",lwd = 2,lty = 1)
curve(dt(x,2),add = T,col = "green",lwd = 2,lty = 2)
curve(dt(x,10),add = T,col = "orange",lwd = 2,lty = 3)
curve(dnorm(x),add = T,lwd = 3,lty = 4)
title(main = "t 分布密度与标准正态密度")
```

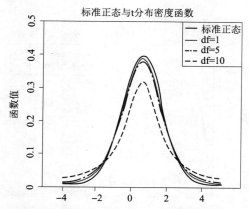

图 10-9　不同自由度的标准正态与 t 分布密度函数图像

```
legend(par('usr')[2],par('usr')[4],xjust = 1,
      c('df = 1','df = 2','df = 10','标准正态'),
      lwd = c(2,2,2,2),
      lty = c(1,2,3,4),
      col = c('red','blue','green',par("fg")))
```

结果如图 10-10 所示.

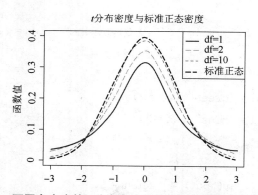

图 10-10　不同自由度的 t 分布密度与标准正态密度分布函数图像

参 考 文 献

[1] 宗序平.概率论与数理统计[M].北京:机械工业出版社,2013.

[2] 白淑敏,崔红卫.概率论与数理统计[M].北京:北京邮电大学出版社,2014.

[3] 陈国华,李中恢.概率论与数理统计[M].北京:北京航空航天大学出版社,2011.

[4] 韩旭里,谢永钦.概率论与数理统计[M].上海:复旦大学出版社,2012.

[5] 茆诗松,程依明,濮晓龙.概率论与数理统计(第二版)[M].北京:高等教育出版社,2011.

[6] 汤银才.R语言与统计分析[M].北京:高等教育出版社,2013.

[7] 薛毅,陈立萍.统计建模与R软件[M].北京:清华大学出版社,2007.